农产品地理标志
工作指南

浙江省农产品质量安全中心　组编

浙江科学技术出版社

图书在版编目（CIP）数据

农产品地理标志工作指南/浙江省农产品质量安全中心组编. —杭州：浙江科学技术出版社，2020.7
ISBN 978-7-5341-9048-3

Ⅰ.①农… Ⅱ.①浙… Ⅲ.①农产品—地理—标志—工作—中国—指南 Ⅳ.①F762.05-62

中国版本图书馆CIP数据核字（2020）第105275号

书　　名	农产品地理标志工作指南	
组　　编	浙江省农产品质量安全中心	
出版发行	浙江科学技术出版社 网址：www.zkpress.com 杭州市体育场路347号 邮政编码：310006 编辑部电话：0571-85152719 销售部电话：0571-85062597 E-mail：zkpress@zkpress.com	
排　　版	杭州万方图书有限公司	
印　　刷	浙江新华数码印务有限公司	
经　　销	全国各地新华书店	
开　　本	710×1000　1/16	印　张　7.75
字　　数	90千字	
版　　次	2020年7月第1版	2020年7月第1次印刷
书　　号	ISBN 978-7-5341-9048-3	定　价　39.00元

版权所有　翻印必究

（图书出现倒装、缺页等印装质量问题，本社销售部负责调换）

策划组稿	詹　喜	**责任编辑**	赵雷霖
责任美编	金　晖	**责任校对**	陈宇珊
责任印务	叶文炀		

《农产品地理标志工作指南》编委会

主　　编：郑永利　单凌燕　王松伟

副 主 编：陈　颖　樊纪亮　陈飞东

编写人员：(按姓氏笔画排序)

　　　　　王小玫　王松伟　王彦炯　史　婕

　　　　　杨光瑞　陈　颖　陈飞东　郑永利

　　　　　单凌燕　宗四弟　徐冬毅　樊纪亮

审　　稿：汤达钵

组　　编：浙江省农产品质量安全中心

序言

党的十九大报告指出，中国特色社会主义进入新时代，我国社会主要矛盾已经转化为人民日益增长的美好生活需要和不平衡不充分的发展之间的矛盾。新形势下，农业的主要矛盾已经由总量不足转变为结构性矛盾，突出表现为结构性供过于求和供给不足并存，大路产品多，绿色优质农产品紧缺。这就要求我们持续深化农业供给侧结构性改革，坚持质量兴农、绿色兴农，加快推进农业由增产导向转向提质导向，不断增加绿色优质农产品供给。

绿色食品和地理标志农产品是绿色优质农产品供给的主力军。习近平总书记多次指出，要"大力实施农产品品牌战略，培育若干国内外知名农产品品牌，依法保护农产品地理标志产品和知名品牌"，"加强绿色、有机、无公害农产品供给"。近年来，浙江省农业农村系统坚决贯彻习近平总书记重要指示精神，深入落实中央和省委、省政府的决策部署，以实施乡村振兴战略为总抓手，以农业供给侧结构性改革为主线，坚定高效生态农业发展方向不动摇，坚持"扩大总量规模、优化产品结构、主攻供给质量、创新发展动能"的工作方针，聚焦"一品一标一产业"融合发展，全力实施国家地理标志农产品保护工程，扎实推进省级精品绿色农产品基地建设，努力构建政策支持、技术标准、生产经营、质量管控和品牌推广五大体系，着力推动绿色优质农产品特色化发展、基地化建设、标准化生产、产业化经营、品牌化运作，绿色食品、地理标志农产品规模产量取得跨越式增长，走出了一条颇具浙江特色的绿色优质农产品高质量发展新路子。

为帮助各级"三农"干部、农业生产经营主体更加全面系统地了解和掌握绿色食品、农产品地理标志的质量标准、生产模式和技术要求，进一步壮大绿色优质农产品生产队伍，浙江省农产品质量安全中心组织专家编写了绿色优质农产品工作指南系列图书。这是一件十分必要、非常重要的工作。该系列图书注重操作性和指导性，力求用通俗的文字、专业的解读、实用的案例，将绿色食品、地理标志农产品说清楚、讲明白。相信这一系列图书一定会成为全省绿色食品、农产品地理标志工作者和农业生产经营主体的"好帮手"，对进一步提升我省绿色优质农产品供给能力，更好地满足城乡居民美好生活需要起到十分积极的推动作用。

浙江省人大常委会副主任　史济锡
2020年6月16日

前言

为深入推进"三联三送三落实",全力实施新时代浙江"三农"工作"369"行动,着力推动"一标一品一产业"融合发展,切实加强体系队伍建设,助力乡村振兴和农业绿色发展,我们组织编写了《绿色食品工作指南》《农产品地理标志工作指南》《绿色食品生产资料工作指南》等系列图书。

农产品地理标志是振兴历史经典农产品和促进乡愁产业发展的重要抓手,日益受到各级政府部门和消费者的广泛关注。为了方便各级农业农村主管部门、广大申报主体、从业人员和消费者更加全面地了解农产品地理标志,我们编写了《农产品地理标志工作指南》一书。本书共分五章,采取新颖的形式、通俗的文字、直观的图表,系统介绍了农产品地理标志概念、产业发展状况、登记申报要求、监督管理以及各类常见问题等内容。全书以国家农产品地理标志申报审查要求为准则,密切联系浙江实际,彰显浙江特色,力求体现科学性、实操性和指导性,可作为各级农产品地理标志主管部门工作人员和生产主体的工具书。

在本书编写过程中,我们参考了中国绿色食品发展中心有关文献资料，更得到了业内相关专家、省内众多农产品地理标志持证主体的鼎力支持，在此表示衷心感谢！由于水平和时间所限，书中难免存在不足之处，敬请广大读者批评指正。

编者

2020年4月

目录

第一章 农产品地理标志概述

- **第一节** 农产品地理标志的定义与标识 ... 1
- **第二节** 农产品地理标志的起源与发展 ... 3
- **第三节** 农产品地理标志登记保护的重要意义 ... 5
- **第四节** 浙江省农产品地理标志保护工作进展 ... 7
- **第五节** 新时期农产品地理标志发展对策 ... 13

第二章 农产品地理标志可申报产品目录

- **第一节** 农产品地理标志登记保护目录（试行） ... 19
- **第二节** 浙江省已登记保护农产品地理标志名录 ... 25
- **第三节** 浙江省列入全国农产品地理标志普查目录名单 ... 27
- **第四节** 浙江省拟重点推进登记保护农产品地理标志名录 ... 29

第三章　农产品地理标志登记保护申报

第一节
登记保护管理机构 31

第二节
登记保护申报程序 32

第三节
登记保护申报要求 34

第四节
登记保护审核要点 57

第五节
登记保护评审要点 87

第四章　农产品地理标志使用监管

第一节
农产品地理标志授权管理 91

第二节
农产品地理标志规范使用 94

第三节
农产品地理标志监督管理 95

第四节
农产品地理标志证书变更 98

第五章 农产品地理标志核查员管理

附 录

- **附录1** 105
  农产品地理标志主要品种申报文本审核及评审要点

- **附录2** 107
  农产品地理标志申报材料清单

- **附录3** 109
  农产品地理标志现场核查程序及要求

- **附录4** 111
  农产品地理标志产品感官品质鉴评会相关内容及要求

第一章
农产品地理标志概述

第一节
农产品地理标志的定义与标识

原农业部于2008年2月1日颁布施行的《农产品地理标志管理办法》规定，农产品地理标志是指标示农产品来源于特定地域，产品品质和相关特征主要取决于自然生态环境和人文历史因素，并以地域名称冠名的特有农产品标志。由此可见，我国农产品地理标志具有地域性、独特性、优质性等重要特征。

一、地域性

农产品地理标志应使用农产品生产地的地理区域名称，且必须是真实的，不是虚构的或者从来不存在的。可以是当前使用的地名（如黄岩蜜橘），也可以是现在已经不再使用但历史上曾经使用过的地名（如处州白莲），还可以是湖泊、山脉等名称（如径山茶）。

二、独特性

地理标志农产品往往受到产地特定的自然环境和人文因素的深刻影响。特定区域的水质、土壤、空气、光照、降水等生态条件是无法替代的，同时地理标志农产品凝聚着原产地的悠久历史文化，其产品品种、生产技术、加工工艺、农耕文化促成了其独特的质量和鲜明的特色。

三、优质性

地理标志农产品由于产地条件相对优越，产品品质更优、风味更佳，并且又传承着普通农产品所不具备的文化特质，因此往往容易赢得消费者的信任，市场知名度和美誉度更高。

四、集体性

农产品地理标志是特定自然环境和人文历史共同作用的结果，是以集体条件和集体传统为基础的，具有集体权利色彩的特质，其聚集了产地特有的自然条件及生产者集体的智慧。因此，农产品地理标志是一种属于产地生产者和经营者所共享的集体性资源。

五、永久性

我国对农产品地理标志保护不作时间限制，这与传统知识产权的时间性有明显区别。只要原产地的自然生态条件与人文历史因素永久存在，对农产品地理标志的保护便永久有效。只要产地的特色存在，地理标志农产品就会存在，对其进行保护就有价值和意义。因此，从某种意义上说，保护地理标志农产品就是保护产地生态环境和历史文化。

农产品地理标志实行公共标识与地域产品名称相结合的标注制度。

农产品地理标志公共标识图案由中华人民共和国农业农村部中英文字样、农产品地理标志中英文字样、麦穗、地球、日月等元素构成。公共标识的核心元素为麦穗、地球、日月相互辉映，体现了农业、自然、国际化的内涵。公共标识的颜色由绿色（C100Y90）和橙色（M70Y100）组成，绿色象征农业和环保，橙色寓意丰收和成熟。农产品地理标志公共标识基本图如图1-1所示。

图1-1 农产品地理标志公共标识基本图

农产品地理标志公共标识于2019年进行了更新，各级监管机构及标志使用人如需下载、印刷等，请扫描右侧二维码获取最新版农产品地理标志标识图案。

第二节　农产品地理标志的起源与发展

农产品地理标志保护起源于国外，早期多使用"原产地"概念，在法国等欧洲国家已有100多年的历史。我国自20世纪80年代加入《巴黎公约》以来，开始逐步关注和引入该理念。加入世界贸易组织后，我国农产品地理标志保护工作从无到有，进入了快速发展阶段。

我国地理标志知识产权保护早期有两种形式：原国家工商行政管理局商标总局依照《中华人民共和国商标法》采取"证明商标"保护地理标志；以及原国家质量技术监督总局依据《原产地域产品保护规定》和《原产地域产品保护通用要求》，对地理标志进行保护。2007年年底，原农业部提出，利用农产品生产地域特有的管理优势开展农产品地理标志登记是农业部门的工作职能。2008年2月1日《农产品地理标志管理办法》颁布实行，标志着我国专门的农产品地理标志登记管理工作正式启动。根据该办法随后又配套制定了《农产品地理标志现场核查规范》《农产品地理标志专家评审规范》等操作性很强的技术文件，进一步推动了农产品地理标志登记工作的有效开展。2002年12月修订的《中华人民共和国农业法》首次提出了"农产品地理标志"的法定概念。经过10多年的努力，农产品地理标志登记保护工作在制度建设、产品登记、体系建设、证后监管、国际交流等方面取得了巨大进展。2018年新一轮机构改革后，原农业部的农产品地理标志登记保护由农业农村部承担，原工商部门的注册证明商标和原质监部门的地理标志保护职能统一划入国家知识产权局，形成农业农村部和国家知识产权局两部门依据各自职责开展农产品地理标志保护管理的新体系。截至2020年6月，农业农村部已对3090个农产品地理标志实施登记保护。

第三节
农产品地理标志登记保护的重要意义

农产品地理标志是保护地域特色资源优势和农业文化遗产不可或缺的重要载体。从现实看，农产品地理标志既是农产品产地标识，更是重要的农产品质量标志。从长远看，农产品地理标志登记保护既是推进特色农业产业发展的重要路径，也是提升农产品质量安全水平的重要抓手。习近平同志在2007年（时任浙江省委书记）就高瞻远瞩地指出："大力实施农产品品牌战略，培育若干国内外知名农产品品牌，依法保护农产品地理标志产品和知名品牌。"因此，积极挖掘、培育、保护和利用区域特色农产品，实施农产品地理标志登记保护，对农产品质量提升、农业产业升级、农民增收及农业增效具有重大现实意义，对实施乡村振兴战略和促进农业绿色发展具有深远影响。

一、有利于加快农业产业化进程，促进规模化发展

农产品地理标志是特定区域内的"公共资源"，有利于发展现代农业经营方式。实施农产品地理标志保护战略，充分发挥农产品地理标志的国家公用品牌引领作用，将分散的生产经营主体凝聚起来，逐步形成区域化布局、专业化生产、社会化服务、产业化经营和品牌化运作的现代农业经营方式，促进传统农业向现代农业转变，把区域特色小品种发展成为当地农民增收、农业增效的大产业。

二、有利于提高农业标准化水平，推动农业绿色发展

地理标志农产品品质不仅依赖于特定地域的气候、土壤、水质及其他自然资源禀赋，而且跟农产品种质资源，特别是生产技术、加工工艺等密切相关。实施农产品地理标志保护战略，充分发挥持证主体或授权生产经营主体的示范带动作用，切实加强对小农户的技术培训、生产指导和订单收购，有利于提高农业标准化水平和农业生产科技含量。同时，农产品地理标志作为公用品牌，具有"一荣俱荣、一损俱损"的特点，实行严格的质量监管和授权制度，有助于提高农民的质量意识和法制意识，既互相合作借鉴又互相监督，合力提高产品品质、稳定市场销售，共同推进全域绿色发展。

三、有利于加强农产品品牌建设，促进农民持续增收

农产品地理标志是当前我国农产品重要国家公用品牌，而农产品地理标志的获得是以符合特定的质量技术标准为前提。因此，获证农产品本身就是优质绿色农产品的象征。对区域特色优势农产品开展农产品地理标志登记保护工作，有助于形成"国家公用品牌＋地方区域公共品牌"或"国家公用品牌＋地方区域公共品牌＋企业自主品牌"等多品牌叠加效应。在农产品地理标志国家公用品牌的带动下，有利于加速培育和提升区域公共品牌或企业自主品牌的市场知名度、美誉度和品牌价值，进而实现农民持续增收。

四、有利于农业文化遗产保护，传承中华农耕文明

农业文化遗产是祖先创造并传承至今的独特农业生产系统，是中

华民族的文化瑰宝。习近平总书记指出："农耕文化是我国农业的宝贵财富，是中华文化的重要组成部分，不仅不能丢，而且要不断发扬光大。"农产品地理标志相关特征主要源于该区域的自然因素和人文历史，是传统农耕文明的重要体现，与农业文化遗产具有相同的地域性和关联性。实施农产品地理标志登记保护，深入发掘农业文化遗产蕴含的精髓，并以动态保护的形式展示其丰富的生物多样性、传统的知识技术体系、独特的生态理念和文化景观，不仅有利于推动传统文化与现代技术结合，探索应对生态环境、农产品质量安全等问题，有效拓展农业的多功能性、延长产业链条，实现农民增收和农业可持续发展，而且能够向公众宣传优秀的生态哲学思想，增强人民对民族文化的认同感、自豪感，带动全社会对民族文化的关注和认知，促进中华文化的传承和弘扬。

第四节
浙江省农产品地理标志保护工作进展

2010年，浙江省启动农产品地理标志登记保护工作。近10年间，浙江省农产品地理标志登记保护工作坚持以农业增效、农民增收为核心，以保护特色农耕文化、培育地方主导产业为目标，依托浙江丰富的农业资源，走出一条具有浙江特色的发展道路，从无到有、从点及面、从慢渐快、从弱变强，总量规模持续扩大，差异特色不断彰显，品牌影响稳步提升，经济效益日益显现，有力助推乡村产业振兴、农民增收致富，满足人民群众日益增长的绿色优质农产品需求。

一、主要发展成效

1. 总量规模持续扩大

近年来，浙江省按照"挖掘培育一批、登记保护一批、提升发展一批、淘汰出局一批"的工作思路，激活增量、盘活存量、做优质量、扩大总量，着力优化产品结构，创新发展动能，推动产业升级，农产品地理标志总量规模不断扩大。截至2020年6月，全省共登记保护农产品地理标志115个（图1-2），其中96%为浙江农业十大主导产业产品。产品种类涵盖果品、茶叶、蔬菜等12类，其中果品、茶叶、蔬菜3类农产品地理标志共计83个，占全省农产品地理标志总数的72.17%。产品总数位居全国前10，年产量突破200万吨，年产值高达387亿元，增收致富生产主体超过2000家。

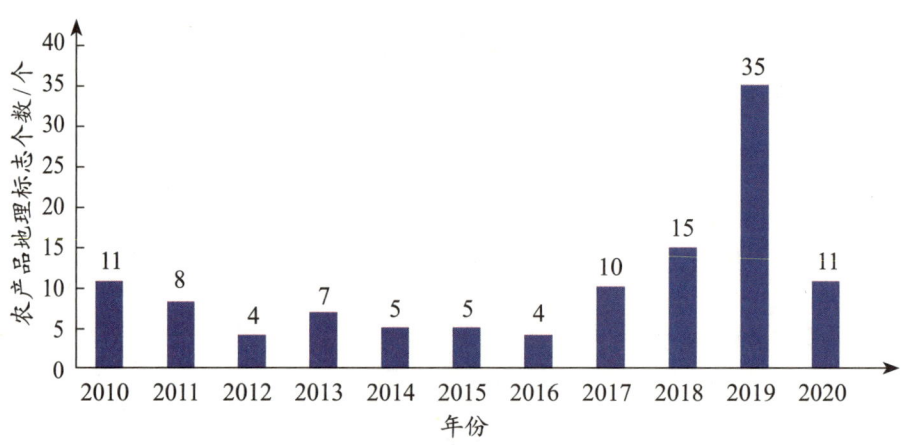

图1-2　2010—2020年全省农产品地理标志发展情况（截至2020年6月）

2.产品区域特色明显

浙江素有"七山一水两分田"之称,山地、海洋资源丰富,一些区域特色农产品在全国占有重要位置,茶叶、柑橘、药材、水产品等在全国占有重要地位,绿茶产量全国第一,柑橘产量全国第三。浙江省依托区域特色、保护区域特色、发展区域特色,大力开展农产品地理标志登记保护,极大地促进了区域特色农产品高质量发展(图1-3,图1-4)。

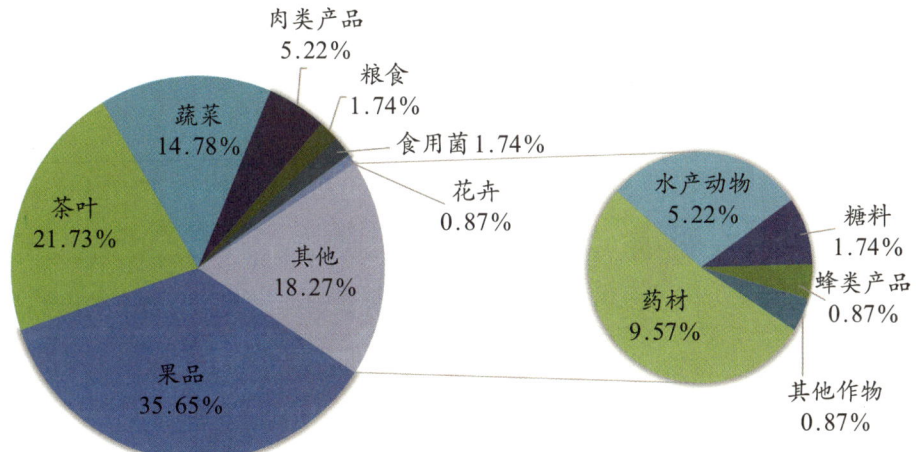

图1-3 浙江省农产品地理标志分类情况

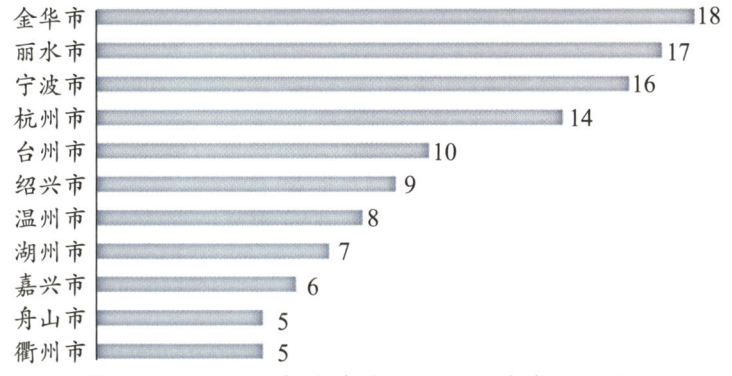

图1-4 浙江省各市农产品地理标志发展情况

浙江作为全国茶叶的重要产区，目前有农产品地理标志茶叶产品25个，占全省农产品地理标志总数的21.73%，占全国茶叶地理标志总数的17.69%。"浙江十大名茶"中有7个茶叶产品获得农产品地理标志。杭州、温州、湖州、金华、绍兴、衢州、丽水、宁波、舟山9市茶叶农产品地理标志保护工作成效明显。"茶都"杭州有径山茶、鸠坑茶等5个茶叶地理标志产品，生产规模超20万公顷，年产值超16亿元；早茶产区温州有泰顺三杯香茶、雁荡毛峰等4个茶叶地理标志产品，生产规模约2.41万公顷，年产值16亿元。

果品在全省地理标志农产品中的优势也比较突出，占全省农产品地理标志总数的35.65%，其中，杨梅主产区宁波、绍兴、台州、丽水、金华、舟山等市共登记保护杨梅地理标志产品8个；柑橘主产区宁波、台州、丽水、衢州等市共登记保护柑橘类地理标志产品7个。枇杷主产区杭州、宁波、金华、丽水、台州等市共登记保护枇杷地理标志产品5个。

3. 品牌影响稳步提升

近年来，浙江省围绕提升农产品地理标志品牌影响力和知名度，创新宣传推介载体，组织推荐各地优秀地理标志农产品在浙江电视台公共新闻频道《翠花牵线》栏目、"浙江精品绿色农产品"微信公众号等平台开展宣传推介。积极组织地理标志农产品参加中国绿色食品博览会、中国国际农产品交易会等国家级展示展销活动，支持鼓励各地开展多种形式的地理标志农产品展示展销和节庆节会活动，多方合力挖掘地理标志产品历史文化，讲好农产品地理标志品牌故事，提升绿色优质农产品品牌影响力和市场竞争力。据统计，2015—2020年累计有60余个地理标志农产品在中国绿色食品博览会、中国国际农产品交易会等展会上荣获金奖。千岛银珍、慈溪杨梅等地理标志农产品入选《源味中国》纪录片，并在中央电视台等平台播出。安吉白茶、平水日铸茶、仙居杨梅、云和雪梨等在北京、上海召开产品推介会。千岛银珍、泰顺三杯香茶、金华两头乌猪作为首批通过原农业部审核的中欧农产品地理标志互认产品，进入欧洲市场。2019年，径山茶、普陀佛茶、临海西蓝花被推荐列入第二批中欧农产品地理标志互认清单，即将走出国门。据浙江大学中国农村发展研究院农业品牌研究中心发布的"中国农产品区域公用品牌网络声誉50强"显示，浙江省奉化水蜜桃、安吉白茶、仙居杨梅、慈溪杨梅、大佛龙井、开化龙顶6个地理标志农产品进入榜单，居全国第一。在2018年浙江省优秀农产品区域公用品牌评价中，"最具影响力的十强品牌"中9个是地理标志农产品。

4.经济效益不断显现

经过近些年的实践探索，浙江省农产品地理标志创新"一标一品一产业"融合发展模式，地理标志农产品成为促进区域经济发展的重要引擎。具有独特历史、文化价值的区域特色优势农产品通过农产品地理标志登记保护带来了较高的知名度、较大的附加值，示范带动小农户发展的能力不断增强，有效促进乡村产业兴旺和农民持续增收。据调研显示，全省50%以上的农产品地理标志登记后产业经济效益明显提升，年增收益率均达17%以上，如浦江葡萄，登记后3年间，以27%的产量增长实现72%的产值增长；金华两头乌猪，登记后平均价格比登记前提高30%，从业人数从5500人增加到7500人。又如，安吉白茶，相继实施国家地理标志农产品保护工程和省级精品绿色农产品基地创建，全县域推进绿色食品认定，"农产品地理标志+绿色食品"的强强联合使得品牌溢价、经济效益显著提升，全县17万亩的生产基地贡献了近27亿的农业产值，占安吉县农业总产值的1/2，贡献了1/4的农民人均收入，成为富民的金叶子、安吉的金名片。

二、主要问题及成因

1.区域分布不平衡

浙江省85个涉农县（市、区）中有56个县（市、区）有地理标志农产品，其中多的县（市、区）如余姚、慈溪、建德、永康、兰溪等已登记4个地理标志农产品，但仍有29个县（市、区）尚未开展这项工作，占比34.11%。

2.产品结构不平衡

浙江省已经登记的地理标志农产品中前三位的产品类型依次为果品、茶叶、蔬菜，占比分别在35.65%、21.74%、14.78%左右，合计超过浙江省农产品地理标志总数的70%；而浙江省传统的特色产品较多的水产类、中药材类产品在已登记地理标志农产品中占比相对较少。

3.内在动力不平衡

一些地方农产品地理标志工作依然靠奖补政策驱动、各类考核倒逼，绿色发展理念、绿色生产方式（标准）宣传普及和落实不到位，绿色发展的长效机制亟待建立健全。加之优质优价机制尚未真正形成，农产品地理标志重申报、轻使用的问题仍然存在。

4.发展规模不充分

2013年全国农产品地理标志资源普查中，浙江省挖掘出228个具有地域特色的优质农产品资源，其中165个被列入《全国地域特色农产品普查备案名录》，但是尚有74个未申报。同时，仍有一些特色产品尚未被列入名录。

5. 产业融合不充分

浙江省农业十大主导产业有效期内绿色食品监测面积占比非常低，农产品地理标志、绿色食品数量较多的果品、茶叶、蔬菜，其监测面积占整个产业面积比例也仅为5.5%、4.9%、1.4%。在特色农产品优势区建设、"五园"创建、各类评比参展等工作中融合也不够。

6."一标一品"融合不充分

当前地理标志农产品生产多数执行无公害农产品标准，地理标志农产品作为绿色优质农产品的典型代表，应当加快推广应用绿色食品标准，实现"农产品地理标志+绿色食品"融合发展，着力提高产品品质。

这些问题产生的主要原因，一方面是顶层设计不够，特别是在政策创设、财政扶持、机制创新和氛围营造等方面尚需进一步加强；另一方面是个别地方对绿色优质农产品工作在乡村振兴战略、农业绿色发展中作用和地位认识不到位或站位不高，实际工作中重视不足、落实不到位。

第五节　新时期农产品地理标志发展对策

坚持问题导向，对标高质量发展要求，新时期浙江省农产品地理标志发展将进一步聚焦区域优势特色农产品，坚持"挖掘培育一批、登记保护一批、提升发展一批、淘汰出局一批"的工作思路，全面构建促进地理标志农产品产业发展的政策支持、技术标准、生产经营、质量管控和品牌推广五大体系，促进"一标一品一产业"融合发展，创响一批"乡字号""土字号"地理标志农产品品牌，打造一批区域优势地理标志农产品产业集群，切实提高绿色优质农产品供给能力，更好满足人民群众日益增长的绿色优质农产品需求。

一、加快构建政策支持体系，推动地理标志农产品基地化建设

健全多方投入机制，加大财政资金投入力度，大力挖掘一批有产业规模、发展潜力、农耕文化基础、历史传承的区域特色产品，支持县（市、区）开展国家地理标志农产品保护工程，整建制推行"十个一"发展模式，促进地理标志农产品产业全面振兴。突出地理标志农产品，推动全县域整建制创建省级精品绿色农产品基地，择优创建一批全国农产品地理标志示范样板和全国绿色食品原料标准化生产基地、绿色食品一二三产业融合发展示范园，全产业推广国家绿色食品标准，促进"一标一品一产业"融合发展。同时，进一步加大政策创设力度，将农产品地理标志列为各类示范创建、展会、评比及重大项目安排等的前置条件，形成政策激励导向。

二、加快构建技术标准体系，推动地理标志农产品标准化生产

加强农产品地理标志专家智库建设，强化绿色食品生产技术标准研究，积极参与国家绿色食品生产标准的制定和修订。选择杨梅、茶叶、杭白菊等优势地理标志农产品，开展区域性绿色食品生产技术操

作规程的制定和修订，大力实施绿色食品生产技术标准落地工程，组织力量制定一批区域特色产业绿色食品标准模式图，切实提高地理标志农产品产业标准化水平。推动国家农产品地理标志保护区、全省区域特色农产品优势区内规模生产主体开展绿色食品培育与认定，力争农产品地理标志保护区内60%以上的规模生产主体和30%以上生产面积获得绿色食品认定，整体提升地理标志农产品质量水平。

三、加快构建生产经营体系，推动地理标志农产品价值链共享

以农产品地理标志为连接纽带，积极推动构建"地理标志产业集群+龙头企业+农民专业合作社+家庭农场（或农户）"的发展模式，充分发挥龙头企业在开拓市场、品牌营销等方面的优势，农民专业合作社在生产组织、农资采购、技术指导等方面的优势，家庭农场、农户在家庭经营生产方面的优势，参与组织化生产，壮大地理标志上下游产业组织，延长产业链、价值链，不断增强示范带动小农户发展的能力，使各类生产经营主体共同获得农产品地理标志公共资源、组织和服务的协同效益，分享各环节经济利益，形成差异化竞争、功能互补的良好格局。

四、加快构建质量管控体系，推动地理标志农产品品质化提升

实施地理标志农产品质量安全风险监测、评估和监督管理，建立健全生产记录档案管理制度，做到抽检监测全覆盖，提升农业十大主导产业中绿色食品监测面积的比例。组织开展地理标志农产品规范提

质专项检查行动，依法打击不规范、冒用、超范围使用农产品地理标志行为。深化追溯体系建设，拓展"智慧监管"App功能，加快省级绿色优质农产品信息化管理系统建设，提高地理标志农产品的绿色食品质量认定和监管效率。加强农产品地理标志监管队伍培训，更好指导生产者按标生产、规范用标。

五、加快构建品牌推广体系，推动地理标志农产品品牌化运作

加强农产品地理标志授权使用管理，依规对农产品地理标志保护区内符合条件的规模生产主体有序开展授权，不断扩大证书授权使用范围，严格规范生产主体生产经营行为，执行农产品地理标志质量控制标准，原则上授权使用主体应为绿色食品认定主体。加强线上与线下互动、传统媒体与新媒体融合，创新载体宣传推介地理标志农产品。重点加强与浙江电视台公共新闻频道《翠花牵线》栏目战略合作，强化"浙江精品绿色农产品"微信公众号运营，支持参加中国国际农产品交易会、中国绿色食品博览会等展会，多方合力挖掘地理标志农产品历史文化，讲好农产品地理标志品牌故事，增强广大消费者优种、优品、优质、优价意识，提升农产品地理标志品牌影响力和市场竞争力。

国家农产品地理标志保护工程

习近平总书记在2017年年底中央农村工作会议上强调，坚持质量兴农、绿色兴农，加快推进农业由增产导向转向提质导向。2019年《政府工作报告》提出"实施地理标志农产品保护工程"，根据农业农村部办公厅《关于做好地理标志农产品保护工程实施工作的通知》精神，计

划自2019年起，利用5年时间，每年在全国范围内选定200个，共打造1000个地理标志农产品，重点围绕生产设施条件、品牌营销和知识产权保护三个方面开展建设，初步实现特色农业产业快速发展，特色优质农产品供给能力显著增强，产品认知度、知名度、美誉度和市场占有率显著增加，产品生产经营者特别是农户收益显著提升，地理标志农产品发展取得显著成效。

同年，浙江省农产品质量安全中心下发《关于切实做好2019年国家地理标志农产品保护工程建设工作的通知》，以省级精品绿色农产品基地为基础，确定了余杭区（径山茶、塘栖枇杷）、安吉县（安吉白茶）、兰溪市（兰溪杨梅、兰溪枇杷）、黄岩区（黄岩蜜橘）、遂昌县（遂昌菊米、遂昌三叶青）5个县（市、区）为国家地理标志农产品保护工程项目实施单位，明确了"十个一"重点任务清单，即建成一个以上核心示范基地，制定一套县级以上绿色生产技术规程，发展一批县级以上规模生产示范主体，培育一批绿色食品生产主体，举办一次以上农产品地理标志专题培训，组织一批主体开展农产品质量安全原产地可追溯试点，打造一个地理标志农产品区域公用品牌，举办一次产品展示展销活动，策划一次大型宣传推介活动，制作一部地理标志农产品专题宣传片。

地理标志中欧互认

地理标志中欧互认是指我国与欧盟双方签订相关协议，在各自地理标志产品中按照知名度、出口情况、经济效益、质量技术要求等原则，进行筛选、推荐及确认，对最终纳入协议的地理标志产品进行互认保护，享受与当地地理标志产品同样的优惠政策。

2009年,第12次中欧领导人会晤联合声明首次表示"欢迎启动中欧地理标志双边合作协定的谈判",2011年中欧正式启动《中欧地理标志双边合作协定》谈判,截至2019年年底,双方共开展了22轮谈判。在2019年10月22日—23日举行的第22轮谈判中,双方经过努力最终达成协议,正式结束谈判。11月6日,在我国国家主席习近平和法国总统马克龙的见证下,我国商务部部长钟山与欧盟农业委员霍根共同签署了《关于结束中华人民共和国政府与欧洲联盟地理标志保护与合作协定谈判的联合声明》,宣布中欧地理标志保护与合作协定谈判结束。协定中对地理标志产品设定了高水平的保护规则,并在附录中分阶段纳入双方各两批共275种地理标志产品。

根据协定,中欧双方各有100种产品列入首批地理标志保护清单。下一步,中欧双方将按照各自法律规定履行内部报批程序,预计协定将在2020年年底前正式签署并生效。该协定生效4年后,中欧双方将按计划在第二批地理标志保护清单中各新增175种产品。

2017年,浙江省的千岛银珍、泰顺三杯香茶、金华两头乌猪作为首批通过原农业部审核的中欧农产品地理标志互认产品,进入欧洲市场,推动品牌农业高质量发展。2019年,径山茶、普陀佛茶、临海西蓝花也被推荐列入第二批中欧互认清单。

第二章
农产品地理标志可申报产品目录

第一节 农产品地理标志登记保护目录(试行)

一、种植业产品

1. 蔬菜

(1)未经加工的新鲜蔬菜。

(2)经晾晒、冷藏、冷冻、包装、脱水等工序加工的蔬菜。

(3)将蔬菜的根、茎、叶、花、果、种子通过干制加工处理后,制成的各类干菜,如黄花菜、玉兰片、萝卜干、冬菜、霉干菜等。

(4)腌菜、咸菜、酱菜和盐渍的蔬菜。

(5)各种经排气密封的蔬菜罐头除外。

2. 果品

（1）未经加工的新鲜水果。

（2）对新鲜水果进行清洗、脱壳、分类、包装、储藏保鲜、干燥、炒制等工序加工处理，制成的各类果干（如荔枝干、桂圆干、葡萄干等）、果仁、坚果等。

（3）经冷冻、冷藏等工序加工的水果。

（4）各种水果罐头，果脯，蜜饯，炒制的果仁、坚果除外。

3. 粮食

（1）小麦、稻谷、玉米、高粱、谷子、杂粮以及豆类、薯类等原粮作物。

（2）对粮食进行淘洗、碾磨、脱壳、分级包装等加工处理，制成的成品粮及其初级制品，如大米、小米、面粉、薯粉、玉米片、燕麦片、甘薯片等。

（3）以粮食为原料加工的速冻食品、方便面和各种熟食制品除外。

4. 食用菌

（1）未经加工的新鲜食用菌和干食用菌。

（2）进行简单保鲜、烘干、包装的鲜食用菌和干食用菌。

5. 油料

（1）各种油料植物的根、茎、叶、果实、花等初级产品，如花生、葵花籽、芝麻籽等。

（2）对花生、大豆、菜籽、葵花籽、芝麻、胡麻籽、茶籽等油料作物进行清理、热炒、磨坯、榨油等加工处理，制成的植物油（毛油）产品，如花生油、豆油、葵花油、菜籽油、棉籽油等。

（3）精炼植物油除外。

6. 糖料

（1）糖料植物的初级产品，如甘蔗、甜菜等。

（2）对糖料植物进行清洗、切割、包装等加工处理，制成的初级加工品。

7. 茶叶

（1）从茶树上采摘下来的鲜叶和嫩芽（即茶青），经吹干、揉拌、发酵、烘干等工序处理，制成的茶叶。

（2）掺兑各种药物的茶和茶饮料除外。

8. 香料

碾磨或未经碾磨用于调味的园艺植物产品，如胡椒粉、花椒粉、八角、桂皮等。

9. 药材

（1）用作原药的各种药用植物的根、茎、皮、叶、花、果实等。

（2）通过对药用植物的根、茎、皮、叶、花、果实等进行挑选、整理、捆扎、清洗、晾晒、切碎、蒸煮、密炒等处理，制成的片、丝、块、段等中药材及中药饮片。

（3）中成药除外。

10. 花卉

（1）保持天然生长状态的草本花卉。

（2）可食用花卉或饮品，如百合、菊花等。

（3）木本花卉除外。

11. 烟草

经过简单加工制成的烟叶产品，包含晒烟叶、晾烟叶和烤烟叶。

12. 棉麻蚕桑

（1）未经加工处理的皮棉、棉短绒、籽棉。

（2）未经加工处理的生麻、宁麻。

13. 热带作物

（1）未经加工处理的热带作物产品。

（2）对热带作物去除杂质、脱水、干燥等简单加工处理，制成的半成品或初级产品。如生熟咖啡豆、木瓜淀粉等。

14. 其他植物

除上述列举的产品之外的其他各类植物及其初级加工品。如植物叶子、草、藻类植物等。

二、畜牧业产品

1. 肉类产品

（1）各类牲畜、家禽和人工驯养等活畜禽，如牛、马、猪、羊、鸡、鸭等。

（2）对各类畜禽类动物进行宰杀，经去头、去蹄、去皮、去内脏、分割、冷藏或冷冻等加工处理，制成的分割肉、保鲜肉、冷藏肉、冷冻肉等。

（3）各类畜禽类动物的肉类生制品，如腊肉、腌肉、熏肉等。

（4）各种肉类罐头、肉类熟制品除外。

2. 蛋类产品

（1）各种禽类动物的卵，包括鲜蛋、冷藏蛋。

（2）通过对鲜蛋进行清洗、干燥、分级、包装、冷藏等加工处理，制成的鲜蛋和冷藏蛋等。

（3）经加工制成的松花蛋、腌蛋等。

（4）各种蛋类的罐头除外。

3. 奶制品

（1）各种哺乳类动物的乳汁和经净化、杀菌等工序加工生产的鲜奶。

（2）通过对鲜奶进行净化、均质、杀菌或灭菌、灌装等，制成的巴氏杀菌奶、超高温灭菌奶等。

（3）用鲜奶加工的各种奶制品，如酸奶、奶酪、奶油等除外。

4. 蜂类产品

（1）未经加工制成的天然蜂蜜、鲜蜂王浆等。

（2）通过去杂、浓缩、熔化、磨碎、冷冻等工序加工处理，制成的蜂蜜、鲜蜂王浆以及蜂蜡、蜂胶、蜂花粉等。

（3）各种蜂产品口服液、蜂王浆粉除外。

5. 其他畜牧产品

（1）畜禽类动物附属产生的产品，如蚕茧、燕窝、鹿茸、牛黄、麝香等。

（2）畜禽类动物的皮、毛或羽毛，如牛皮、猪皮、羊皮等。

（3）活虫、两栖动物，如螃蟹、牛蛙等。

三、渔业产品

养殖和捕捞的鱼、虾、蟹、鳖、贝类、棘皮类、软体类、腔肠类、两栖类等淡水、海水、滩涂养殖的各类动植物及其初级加工品。

1. 水产动物

（1）鱼、虾、蟹、鳖、贝类、棘皮类、软体类、腔肠类等水产动物。

（2）将水产动物整体或去头、去鳞（皮、壳）、去内脏、去骨（刺）、捣溃或切块、切片，经冰鲜、冷冻、冷藏、盐渍、干制等保鲜防腐处理和包装的水产动物初级加工品。

（3）熟制水产品和各类水产品罐头除外。

2.水生植物

（1）海带、裙带菜、紫菜、龙须菜、麒麟菜、江篱、浒苔、羊栖菜、莼菜等。

（2）将上述水生植物整体或去根、去边梢、切段，经热烫、冷冻、冷藏等保鲜防腐处理和包装的产品，以及整体或去根、去边梢、切段，经晾晒、干燥（脱水）、粉碎等处理和包装的产品。

（3）罐装（包括软罐）产品除外。

3.水产初级加工品

对养殖或捕捞的动植物产品进行冷冻、腌制和自然干制品。

（1）对鱼类、虾类、贝类、藻类以及水产品加工下脚料等进行压榨（分离）、浓缩、烘干、粉碎、冷冻、冷藏等工序加工处理，制成的初级制品。如鱼粉、鱼油、海藻胶、鱼鳞胶、虾酱、鱼子、鱼肝酱等。

（2）以鱼油、海兽油脂为原料生产的各类乳剂、胶丸、滴剂等制品除外。

第二节
浙江省已登记保护农产品地理标志名录

表2-1 浙江省已登记保护农产品地理标志名录

地(市)	县(市、区)	产品名称	地(市)	县(市、区)	产品名称
杭州市	淳安县	鸠坑茶、淳安覆盆子、淳安白花前胡	金华市	市本级	金华两头乌猪、金华佛手
	建德市	千岛银珍、建德草莓、里叶白莲、建德西红花		金东区	婺州蜜梨
	临安区	天目青顶、临安山核桃、天目笋干		兰溪市	兰溪小萝卜、兰溪杨梅、兰溪毛峰、兰溪枇杷
	桐庐县	桐庐雪水云绿茶		磐安县	磐安云峰
	萧山区	萧山萝卜干		浦江县	浦江葡萄
	余杭区	塘栖枇杷、径山茶		武义县	武义铁皮石斛、武阳春雨、武义宣莲、桐琴蜜梨
宁波市	市本级	宁波岱衢族大黄鱼		义乌市	义乌红糖
	奉化区	奉化水蜜桃、溪口雷笋		永康市	永康方山柿、永康五指岩生姜、永康舜芋、永康灰鹅
	海曙区	古林蔺草	衢州市	常山县	常山猴头菇、常山胡柚
	宁海县	长街蛏子、宁海白枇杷		江山市	江山绿牡丹茶、江山猕猴桃
	象山县	象山红柑橘		开化县	开化龙顶茶
	鄞州区	鄞州雪菜	舟山市	市本级	舟山晚稻杨梅
	余姚市	余姚瀑布仙茗、余姚甲鱼、余姚榨菜、余姚杨梅		岱山县	岱山沙洋晒生

续表

地(市)	县(市、区)	产品名称	地(市)	县(市、区)	产品名称
宁波市	慈溪市	慈溪葡萄、慈溪杨梅、慈溪蜜梨、慈溪麦冬	舟山市	定海区	金塘李
				普陀区	普陀佛茶
				嵊泗县	嵊泗贻贝
温州市	市本级	温栀子、温州早茶、温州大黄鱼	台州市	黄岩区	黄岩红糖、黄岩东魁杨梅、黄岩蜜橘
	乐清市	雁荡山铁皮石斛、雁荡毛峰			
	平阳县	平阳黄汤茶			
	泰顺县	泰顺三杯香茶、泰顺猕猴桃		临海市	临海西蓝花、临海蜜橘
嘉兴市	嘉善县	杨庙雪菜		路桥区	路桥枇杷
	南湖区	凤桥水蜜桃		温岭市	温岭高橙
	桐乡市	桐乡槜李、杭白菊、董家茭白		仙居县	仙居鸡、仙居杨梅
	秀洲区	秀洲槜李		玉环市	玉环文旦
湖州市	市本级	湖州太湖鹅、湖州湖羊、湖州桑基塘鱼	丽水市	龙泉市	龙泉金观音
	安吉县	安吉白茶		缙云县	缙云麻鸭、缙云米仁、缙云茭白、缙云黄花菜
	德清县	莫干黄芽			
	长兴县	长兴紫笋茶、胥仓雪藕		景宁县	景宁惠明茶
绍兴市	柯桥区	同康竹笋、绍兴兰花、平水日铸茶		遂昌县	遂昌菊米、遂昌三叶青、遂昌土蜂蜜、遂昌龙谷茶
	上虞区	二都杨梅		庆元县	庆元灰树花、庆元甜橘柚
	嵊州市	嵊州香榧、嵊州桃形李		青田县	青田杨梅、青田御茶
	新昌县	大佛龙井		云和县	云和雪梨
	诸暨市	诸暨短柄樱桃、枫桥香榧		莲都区	丽水枇杷、处州白莲

第三节 浙江省列入全国农产品地理标志普查目录名单

表2-2 浙江省列入全国农产品地理标志普查目录名单

地(市)	登记状态	产品名称
杭州市	已登记保护	里叶白莲、建德草莓、天目青顶、桐庐雪水云绿茶、千岛银珍、径山茶、三都西红花
	尚未登记保护	三家村莲藕、杜家杨梅、萧山大青梅、钟山蜜梨、千岛玉叶、九曲红梅、龙井茶、富阳安顶云雾茶、鸠坑毛尖、淳安花猪、萧山鸡、千岛湖蚕茧
宁波市	已登记保护	鄞州雪菜、溪口雷笋、奉化水蜜桃、宁海白枇杷、象山红柑橘、余姚杨梅、余姚瀑布仙茗、宁波岱衢族大黄鱼、余姚甲鱼、长街蛏子
	尚未登记保护	横街竹笋、余姚竹笋、慈溪古窑浦水蜜桃、慈溪蜜梨、慈溪葡萄、宁波金柑、宁海榧、象山乌紫杨梅、余姚蜜梨、余姚葡萄、奉化曲毫、望海茶、宁波白茶、宁海梅林鸡、象山白鹅、余姚番鸭、余姚皮蛋、余姚咸蛋、慈溪蜂蜜、慈溪海瓜子、一市青蟹、奉蚶、奉化苔条
温州市	已登记保护	平阳黄汤茶、泰顺三杯香茶、雁荡毛峰、平阳早香茶、乐清铁皮石斛
	尚未登记保护	苍南马蹄笋、永嘉早香柚、苍南蘑菇、陶山甘蔗、乌牛早茶、泰顺红茶、泰顺香菇寮白毫、灵昆鸡、麻步番鸭、温州水牛
嘉兴市	已登记保护	桐乡槜李、秀洲槜李、杭白菊
	尚未登记保护	姚庄黄桃、姚庄蘑菇、桐乡晒红烟、桐乡湖羊、桐乡小胡羊皮
湖州市	已登记保护	长兴紫笋茶、安吉白茶、顾渚紫笋、莫干黄芽、湖州太湖鹅
	尚未登记保护	无

续表

地(市)	登记状态	产品名称
绍兴市	已登记保护	同康竹笋、嵊县桃形李、诸暨短柄樱桃、平水珠茶
	尚未登记保护	上虞野藤葡萄、诸暨红高粱、诸暨小洋生、前岗辉白、绿剑茶、石笕茶、仙家岗芽茶、嵊县花猪
金华市	已登记保护	兰溪小萝卜、磐安高山茭白、兰溪枇杷、兰溪杨梅、浦江葡萄、义乌红糖、磐安云峰、武阳春雨、金华佛手、武义铁皮石斛、金华两头乌猪
	尚未登记保护	厚大高脚白菜、盘前萝卜、兰溪大红柿、罗埠红皮果蔗、婺州举岩、浦江春毫
衢州市	已登记保护	江山绿牡丹茶、开化龙顶茶
	尚未登记保护	龙游小辣椒、龙游方山茶、衢州玉露茶、龙游乌猪、江山蜂王浆
舟山市	已登记保护	舟山晚稻杨梅、沙洋晒生、普陀佛茶
	尚未登记保护	无
台州市	已登记保护	临海西蓝花、温岭高橙、路桥枇杷
	尚未登记保护	干江盘菜、黄岩双季茭白、黄岩紫莳药、温岭果蔗、羊岩勾青茶、临海蟠毫、天台山云雾茶、仙居碧绿、温岭草鸡、天台小狗牛
丽水市	已登记保护	缙云黄花菜、缙云茭白、青田杨梅、庆元甜橘柚、云和雪梨、缙云米仁、庆元灰树花、龙泉金观音、惠明茶、遂昌菊米、青田御茶、缙云麻鸭
	尚未登记保护	景宁高山茭白、松阳脐橙、松阳鲜梨、景宁赤峰红米、松阳大红袍赤豆、景宁黑木耳、庆元黄靛菇、松阳花菇、处州山茶油、金竹山茶油、仙都笋峰茶、松阳茶、丽水香茶、云和仙宫雪毫茶、松阳银猴、松阳端午茶、景宁厚朴、碧湖猪

第四节 浙江省拟重点推进登记保护农产品地理标志名录

表2-3　浙江省2020—2022年拟登记保护农产品地理标志名录

地(市)	拟登记保护农产品地理标志名录		
	2020年	2021年	2022年
杭州市	鸬鸟蜜梨(余杭区)、三白潭鱼干(余杭区)、淳安花猪(淳安县)	三家村藕粉(余杭区)、萧山白对虾(萧山区)、天目雷笋(临安区)	中泰苦竹(余杭区)、湘湖龙井(萧山区)、淳安山核桃(淳安县)
温州市	文成杨梅(文成县)、文成糯米山药(文成县)	陶山甘蔗(瑞安市)	苍南四季柚(苍南县)、温州瓯柑(温州市)
嘉兴市	海盐葡萄(海盐县)、秀洲青鱼干(秀洲区)	新丰生姜(南湖区)、秀洲南湖菱(秀洲区)	海昌蜜梨(海宁市)、金平湖西瓜(平湖区)
湖州市	德清清溪乌(花)鳖(德清县)、长兴银杏(长兴县)、安吉竹林鸡(安吉县)、余村大米(安吉县)、安吉冬笋(安吉县)、余村竹荪(安吉县)、妙西黄桃(吴兴区)、菱湖四大家鱼(南浔区)	德清水精灵青虾(德清县)、长兴城山沟桃(长兴县)、安吉竹林鸡蛋(安吉县)、妙西三葵雨芽(吴兴区)、南浔绣花锦(南浔区)	德清早园笋(德清县)、长兴杨梅(长兴县)、安吉白片(安吉县)、安吉小龙虾(安吉县)、道场庚村阳桃(吴兴区)
绍兴市	兰亭水蜜桃(柯桥区)、觉农翠茗茶(上虞区)、丁宅水蜜桃(上虞区)	新昌小京生(新昌县)、舜阳红心猕猴桃(上虞区)	野藤葡萄(上虞区)
金华市	兰江蟹(兰溪市)、汇潭果蔗(兰溪市)	北山萝卜(婺城区)、金东源东桃(金东区)	拱瑞杨梅(永康市)、义乌南枣(义乌市)

29

续表

地(市)	拟登记保护农产品地理标志名录		
	2020年	2021年	2022年
衢州市	龙游麻鸡（龙游县）、江山白菇（江山市）、开化清水鱼（开化县）	东坪柿子（衢江区）、衢州椪柑（柯城区）、常山山茶油（常山县）	龙游富硒莲子（龙游县）、衢州玉露茶（衢州市）、衢州陈皮（衢州市）
舟山市	登步黄金瓜（普陀区）、舟山带鱼（舟山市）	舟山大黄鱼（舟山市）、舟山三疣梭子蟹（舟山市）	舟山鲳鱼（舟山市）、舟山红虾（舟山市）
台州市	三门青蟹（三门县）、天台乌药（天台县）	大陈大黄鱼（椒江区）、天台黄精（天台县）	天台云雾茶（天台县）、黄岩茭白（黄岩区）
丽水市	青田田鱼（青田县）、龙泉灵芝（龙泉市）、云和黄精（云和县）、遂昌龙藏冬笋（遂昌县）	景宁红米（景宁县）、遂昌红薯（遂昌县）、庆元锥栗（庆元县）	景宁高山茭白（景宁县）、龙泉中蜂（龙泉市）、莲都桃（莲都区）

第三章
农产品地理标志登记保护申报

第一节 登记保护管理机构

《农产品地理标志管理办法》规定，农产品地理标志登记保护工作由以下组织机构及管理人员共同完成。

（1）农业农村部：负责全国农产品地理标志的登记工作。

（2）中国绿色食品发展中心（以下简称"部中心"）：负责农产品地理标志登记的审查和专家评审工作。

（3）农产品地理标志登记专家评审委员会：负责专家评审工作。

（4）省（市、县）农产品地理标志工作机构：负责本行政区域内农产品地理标志登记申报的受理和初审工作。

（5）农产品地理标志核查员：负责材料审查、现场核查和证后监管的具体实施。

（6）农产品地理标志品质鉴定检测机构：负责产品品质鉴定检测及相应的监督检测工作。

第二节　登记保护申报程序

《农产品地理标志管理办法》规定，农产品地理标志登记保护申报流程主要包括以下内容：

（1）确定农产品地理标志登记申请人（以下简称"申请人"）：由县级或以上农业工作机构确定产品登记申请人。

（2）提交申请：申请人向省级农产品地理标志工作机构提交农产品地理标志登记申请。

（3）材料初审：由省级农产品地理标志工作机构进行纸质材料初审。

（4）现场核查：省级农产品地理标志工作机构组织现场核查专家组，形成现场核查报告。

（5）品质鉴评：省级农产品地理标志工作机构组织品质鉴定专家组，形成产品品质鉴评报告。

（6）品质检测：申请人根据申报产品的内在品质特征，提出品质检测项目，由品质鉴定专家组现场封样，送资质检测机构检测，出具品质检测报告。

（7）部中心审核：部中心进行复核性审核，提出审查意见。

（8）部中心评审：部中心组织专家评审。

(9)农业农村部公示。

(10)农业农村部公告、颁证。

农产品地理标志登记保护申报流程如图3-1所示。

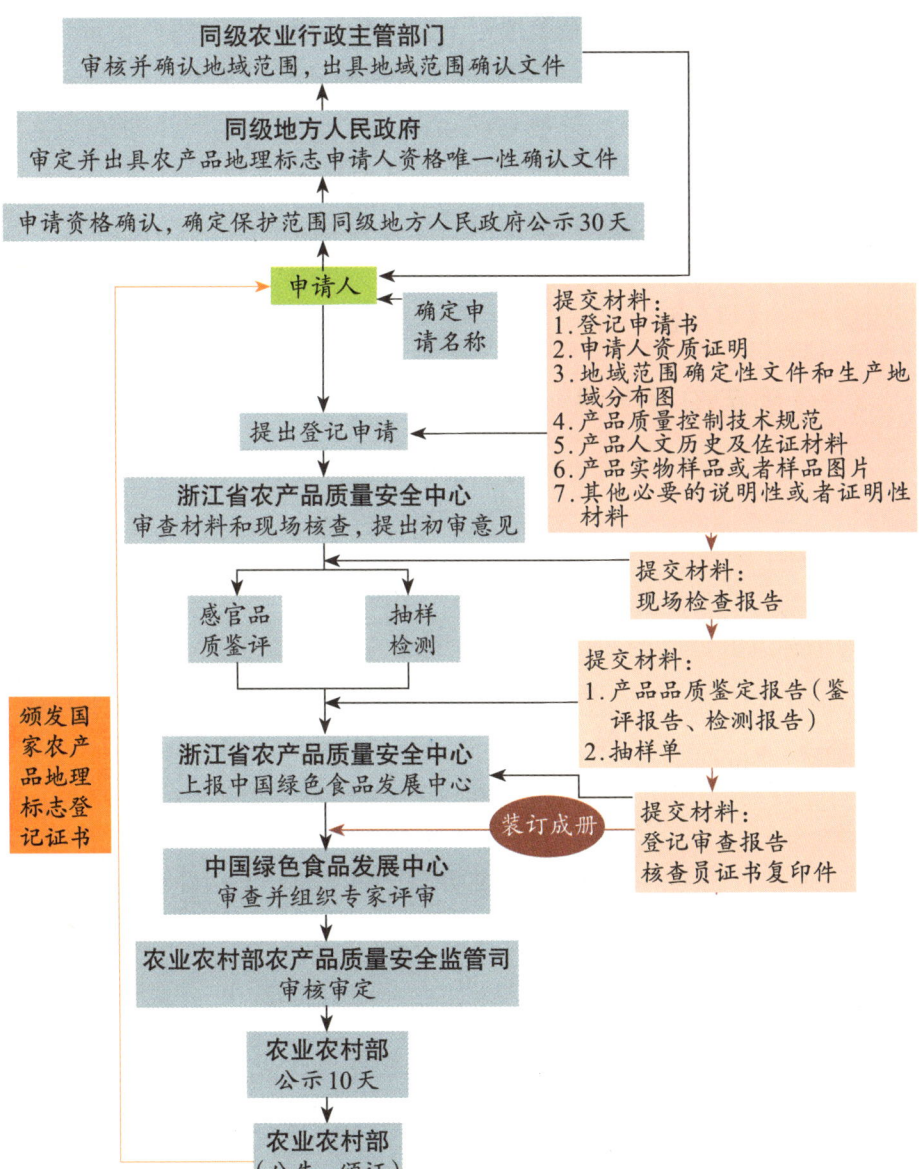

图3-1 农产品地理标志登记保护申报流程图

第三节　登记保护申报要求

农产品地理标志登记保护按照申请人开始申报至获得登记证书的整个过程可以分为准备阶段、申报阶段、评审会阶段、公示公告阶段。

一、准备阶段

申请人在申报农产品地理标志登记保护前期，需开展基础材料收集及资质确认等工作。

（一）确定申报产品

申报前，申请人需先确定待申报产品是否在农产品地理标志登记保护目录内，如产品类别属于可登记保护目录内，则需要进一步确定产品的申报名称及产品品种。

地理标志农产品的名称原则上应符合"地域名+产品名"的组合形式，最好是在历史上能查到的名称，如黄岩蜜橘；有些产品名称本身就带有地域，如杭白菊等。

命名过程中应注意以下几点：

（1）地域名的范围不宜过大，如东北大米；也不宜过小，如柳下邑猪牙皂等。

（2）避免大地名套小地名情况，如嘉善杨庙雪菜。

（3）避免使用容易产生消费误导性的名称，如长寿米、贡橘等。

地理标志农产品申报名称具体分类情况见表3-1。

表3-1　地理标志农产品申报名称分类情况

产品名组成部分	不同情况	描述	举例
地域名部分	行政区划名称	包括历史的和现行的市县、乡镇等	(1)历史地名：处州白莲中的"处州" (2)现有地名：萧山萝卜干中的"萧山"
	自然区域名称	包括山、河、湖等自然地理实体名称	(1)径山茶中的"径山" (2)雁荡山铁皮石斛中的"雁荡山"
产品名部分	分类性名称	包括产品的大类或者具体的品种	(1)大类：仙居杨梅中的"杨梅" (2)具体的品种： ①舟山晚稻杨梅中的"晚稻杨梅" ②黄岩东魁杨梅中的"东魁杨梅"
	特征性名称	可以在分类性名称中附加产品形状、颜色、风味、生长周期、生长环境等方面的修饰语与产品品种名共同组成申报产品名称	(1)胥仓雪藕中的"雪藕" (2)温州早茶中的"早茶" (3)宁海白枇杷中的"白枇杷"

其中产品名称应当尊重历史称谓和俗称，不允许申报登记时人为调整或臆造。产品名称中有关产品部分名称的统称，是指当地历史沿袭已约定俗成的产品名称，与生物学产品和品种分类中的通用名称概念不同。申报产品可包含同个产品多个品种，但应选择自然固化品种，尊重现实生产状况，不作人为加减（申报产品凡涉及多品种的，需统一在技术规范中明确和固定产品品种）。

（二）选定申请人

《农产品地理标志管理办法》要求，农产品地理标志登记申请人应当符合以下条件，并由县级以上地方人民政府择优确定并出具相应的资格确认文件。

（1）申请人应为行业协会等具有公共管理服务性质的组织，包括社团法人、事业法人等，不能为企业、政府和个人（为避免公共资源垄断，申请人和标志使用人为同一主体的农民专业合作社暂不能作为申请人受理，可授权其作为标志使用人）。

（2）具有监督和管理农产品地理标志及其产品的能力。

（3）具有为地理标志农产品生产、加工、营销提供指导服务的能力。

（4）具有独立承担民事责任的能力。

如有多家主体符合申请人申报条件，则县级以上地方人民政府可对照以上条件要求，择优确定申请人，具体筛选及确认工作由所在地县级以上地方人民政府农业行政主管部门负责办理。

具体选定方式有两类：一是符合条件的申请人可以向所在地县级以上地方人民政府农业行政主管部门提出申请；二是可以由县级以上地方人民政府农业行政主管部门根据申请人相关条件进行推荐。

除审核申请人递交的相关材料外，县级以上地方人民政府应当及时对申请人进行现场核查，确认其是否具备农产品地理标志登记保护申报资格。现场核查评定内容包括：

（1）申请人是否持有合法的法人证书。

（2）申请人是否具备符合条件的办公场所和相应的专业技术人员。

（3）申请人是否具有指导标志使用人进行生产、加工的质量控制技术规范和推进产销衔接的经营渠道。

这里应注意：申请登记的农产品生产区域在县域范围内的，由申请人提供县级人民政府出具的资格确认文件；跨县域的，由申请人提供地市级以上地方人民政府出具的资格确认文件。

确定进行申报登记的主体需组织相关生产主体签订联合声明，一般要求3家以上主体联合声明（在申请书联合声明主体处盖章确认），且联合声明主体企业必须完成国家追溯平台注册工作。

疑问解答

（1）农产品地理标志登记证书持有人和标志使用人是一样的吗？

不一样，农产品地理标志登记证书持有人是指向省级人民政府农业行政主管部门提出登记申请，并经农业农村部专家评审、网站公示后获得登记证书的主体，一般是县级以上地方人民政府根据申请人条件择优确定的事业单位、行业协会等组织。农产品地理标志使用人是指在生产经营过程中在产品包装物上或者进行宣传和参加展示展销活动过程中需要使用农产品地理标志的生产主体。需要使用农产品地理标志的生产主体可以向登记证书持有人提出标志使用申请，经农产品地理标志登记证书持有人同意后方可作为农产品地理标志使用人。

（2）企业和个人能否作为农产品地理标志登记申请人？

不可以，农产品地理标志是由特定地域内符合一定生产规范的生产者共同创造的，是由这些生产者共有的知识产权，为防止这种权利被企业、个人独占，农产品地理标志登记不接受企业和个人的申请。

（三）拟定申请登记产品地域范围

申请人应当根据申请登记的农产品分布情况和品质特性，科学合理地确定申请登记的农产品地域范围。地域范围主要是描述登记产品所在的具体地理位置、所辖村镇、经纬度和区域边界等内容。拟定申请登记产品地域范围是申请人在申报过程中的重要环节，因此申请人要在广泛调研之后，尽可能准确地拟定申请登记产品的地域范围。在拟定过程中应注意以下几点：

（1）其中经纬度表示格式为东经XX°XX′XX″～XX°XX′XX″，北纬XX°XX′XX″～XX°XX′XX″，原则上经纬度要求具体到秒。

（2）所辖村镇列出全部乡（镇、街道），点清行政村总数。

（3）现有生产规模面积单位：种植业为公顷，畜牧为羽、头、只等，产量单位为吨。

拟定登记产品地域范围过程中，还应注意地域范围与地理区域名称关系确定。地理标志农产品实际生产地域范围与地理区域名称可以是大地名小范围（有些产品实际生产地域范围并非其地理区域名称所辖范围内的所有县区、乡镇和村等，如丽水枇杷实际登记保护地域范围在丽水市莲都区），也可以是小地名大范围（一些产品历史上最初地域范围为名称所在县区、乡镇和村，后产业发展经逐渐演变已拓展到周边其他地区）。地域范围与地理区域名称对应关系核定的基本原则是尊重历史和现实，保证产地、生产方式和产品品质的一致性，同时在农产品地理标志质量控制技术规范中予以明确。

（四）网上公示

申请人按照要求将相关材料报送至县级以上农业行政主管部门后，主管部门要对申报材料进行审查，并对申请人的资质条件进行现场核查确认。符合条件的，由所在地县级以上农业行政主管部门通过官方网站或相关媒体向社会公示，公示内容包括产品名称、申请人和地域范围，公示期30天。同时，相关省级农业行政主管部门须同时转发相关公示信息，所转发渠道应当能覆盖本省（区、市）全境并相对固定，便于各界关注和广泛查询，同时应注意对公示信息进行截图或者拍照留存。公示行文格式可扫描右侧二维码获取。

（五）政府批文

申请经受理并公示后无异议的，县级以上地方人民政府农业行政主管部门将申请人情况报同级地方人民政府进行审定，符合农产品地理标志登记保护申请条件的，应由同级地方人民政府出具申请人资格唯一性确定性文件。

（六）区域范围批复

获得政府批文后，县级以上农业农村行政主管部门需根据登记申请人提出的"地域保护范围"请示文件内容，形成批复确认文件。批复文件内容中应包含准确的经纬度范围、所辖乡（镇、街道）名称、涉村（社区）总数、生产规模等，并含地域保护范围分布图和保护地域分布表2个附件。

1. 范围分布图

范围分布图是指可以明确标识申请登记产品生产区域范围的地图。申请人在绘制地域分布图时应当实事求是，严谨认真，不得提供错误或者虚假数据和图标，应根据产品分布实际情况和人文历史资料，以最新版行政区划图为蓝本，合理确定和绘制申请登记产品地域分布图。

申请人应在地域分布图中准确标示出申请登记产品的生产区域范围和生产地域边界线，做到地域完整、边界清晰。应当界定到所辖村或乡（镇），边界线采用加宽线条进行标示。必要时，可以加注相关文字说明。

2. 地域分布表

地域分布表是指申报产品生产地域名称列表，申请人需在地域分布表中将申请登记产品的生产区域内的乡（镇）到村全部列明，内容需与政府批文中生产范围一致。

（七）质量控制技术规范

根据农产品地理标志登记保护申报要求，申请人应对产品的生产技术规程进行收集整理，围绕地域范围、独特自然生态环境、特定生产方式、产品品质特色及质量安全规定5个方面认真进行技术规范的编写，形成真实、合理且符合实际的质量控制技术规范。该技术规范经农业农村部公告后即为强制性技术规范，各相关方必须遵照执行。

编写质量控制技术规范时，应注意表3-2中列出的几个要点及内容。

表3-2 农产品地理标志质量控制技术规范编写要点及内容

要点	具体内容
地域范围	如地理位置、所辖村镇、经纬度和区域边界等
独特自然生态环境	影响产品品质特色的独特产地环境因子（如光照、温度、湿度、降水、水质、地貌、土质等）
特定生产方式	影响产品品质特色形成和保持的特定生产方式（如产地、品种、生产控制、产后处理等相关特殊要求）
品质特色及质量安全规定	产品独特感官特征及内在品质指标，明确表明符合国家强制性技术规范要求，注明遵照的标准
标志使用规定	规范生产和使用标志

1. 地域范围

主要描述登记产品所在的具体地理位置、所辖村镇、经纬度和区域边界等。相关信息应当与县级以上地方人民政府农业行政主管部门核定的地域范围相一致。

2. 独特自然生态环境

主要描述影响登记产品品质特色形成和保持的独特产地环境因子，如独特的光照、温度、湿度、降水、水质、地形、地貌、土质等。

3. 特定生产方式

主要描述影响登记产品品质特色形成和保持的特定生产方式，如产地要求、品种范围、生产控制、产后处理等相关特殊性要求。

4. 品质特色及质量安全规定

主要描述登记产品由于独特自然生态环境和特定生产方式等因素所形成的独特感官特征及独特内在品质指标。同时明确表明产地环境、产品质量符合国家相关强制性技术规范要求，注明遵照的行业标准或国家标准编号与名称。

5. 标志使用规定

主要描述地域范围内的地理标志农产品生产经营者，在产品或包装上使用已获登记保护的农产品地理标志，须向登记证书持有人提出申请，并按照相关要求规范生产和使用标志，统一采用产品名称和农产品地理标志公共标识相结合的标识标注方法。

编写质量控制技术规范时还应注意：按技术规范格式重点描述产品独特性内容，保持材料内容的独特性、数据信息的准确性、格式文字的规范性。申报产品凡涉及多品种的，需统一在技术规范中明确和固定产品品种。

内在品质应当重点描述产品品质，特色指标一般需要3~5项，避免罗列非特色指标，并根据生产实践和检测数据确定数值范围。特别需要注意的是指标表述方式，品质特色指标应是一个范围值（品质限值），而不是固定值。

在技术规范中所列品质特色指标全部为必检项目，在检测报告中需进行验证检测。指标确定品质限值应通过对划定的地域范围合理布设抽样点（抽样规范各地自定），多点检测确定品质限值，不能仅通过一点一次检测就直接赋值。

技术规范中涉及农药、肥料时，不出现具体的产品和使用浓度等。

技术规范格式要求如下：

（1）首页表头中的"产品名称"是指登记的农产品地理标志全称，字体为小二号华文中宋。

（2）首页表头中的编号由农业农村部编写，编号由代号、年份、月份和获证产品总排序号四个部分组成，字体为四号宋体。基本格式如图3-2所示。

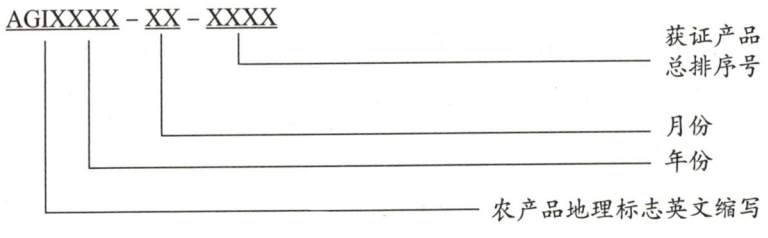

图3-2　首页表头编号基本格式技术规范

（3）首页表头中的公布日期是指农业农村部发布登记公告的日期，字体为四号宋体，基本格式为：XXXX（年）-XX（月）-XX（日）。

（4）农产品地理标志质量控制技术规范正文字体为四号宋体，正文内标题字体为四号黑体，行间距为20磅。若首页纸面不够，可按本页的页眉和页脚格式增页。申请人在拟定登记产品的质量控制技术规范时，总体框架和版面必须按照此编写指南规定的格式排列，每个部分的具体内容可依照不同产品的实际情况填写。

引用其他技术规范的，只需标注技术规范的编号，不用标注年份。中药材产品要求标明拉丁文名称。

疑问解答

应该先确定特色指标值还是先进行委托检测？

在技术规范中所列品质特色指标全部为必检项目，在检测报告中需进行验证检测。这期间错误的做法是：进行委托检验后，直接将委托检验结果写入质量控制技术规范。因为检测样本数、检测季节等因素会造成特色指标值设定不够准确，即制定的指标值并不足以反应产品本身特点或对产品不同季节不同状态不具普适性。正确的做法是：先查阅资料、咨询专家、多点抽取样本、进行多次检测分析，合理科学确定特色指标项及指标值，然后进行委托检测验证相关项目及指标值制定是否合理。制定指标值时，也应明确指标值适用范围，如产品指标值存在期间产品状态是新鲜状态或是晒干状态。

（八）人文历史

根据申报要求，申请人对产品的人文历史进行挖掘收集，收集范围包括产品生产历史、县志、市志等历史文献记载，诗词歌赋、传记、传说、轶事、典故等记载，民间流传的民风、民俗、歌谣、工艺文化，名人的评价与文献，荣获省级以上历次名牌产品奖项情况，媒体宣传、报道、图片等，并将相关素材复印、扫描形成资料。生产历史年限要求

20年以上(见表3-3)。根据收集情况,申请人需编写完成人文历史文字材料(2000字左右),要求包含当地总体情况介绍、产品人文历史、目前产业发展情况及产品获奖荣誉等。

表3-3 人文历史佐证形式及年限确认相关要求

人文历史佐证形式	人文历史年限确认
(1)产品生产历史; (2)县志、市志等历史文献记载; (3)诗词歌赋、传记、传说、轶事、典故等记载; (4)民间流传的该类产品民风、民俗、歌谣、工艺文化; (5)饮食、烹饪等; (6)名人的评价与文献; (7)荣获省级以上历次名牌产品奖项情况; (8)媒体宣传、报道、图片。 人文历史证明材料可为多种表现形式,但所列表现形式的前两项必须提供。人文历史文字描述应有对应的佐证材料	(1)原则上,人文历史年限(生产历史年限)应为20年以上。 (2)人文历史年限应提供充分的证据或证明,并应在证据或证明中做出明显标记。 (3)没有人文历史年限记载的,应书面提供产品具备人文历史传承和需要登记保护的充分理由和证明。相关理由和证明应经专家集体评审确认

人文历史撰写格式及内容编写要点如下:

人文历史文稿整体分四个自然段(不编序号、不标主题)。

第一段:交代产品所在县(市、区)综合概况,如地理位置、总体地形、环境、人文特色、农业特产等,200字左右。

第二段:根据文献记载交代申报产品相关生产、营销、评价等历史,名人活动、佳话等,如有传说可另加一段简要概说(挑重点,最多2个传说),即历史人文,约1000字。

第三段:交代清楚现代产业扶持政策、产业发展、科技进步、副省以上领导或全国知名专家考察、节庆活动、市场开发、农民增收等情况,500~1000字,即现代人文。

第四段:品牌建设成就、奖项、称号等,300字左右。

疑问解答

为什么技术规范和人文历史佐证材料要提前准备？

农产品地理标志质量控制技术规范和人文历史属于登记保护申报材料，但在申报前，各级农业工作机构需要根据相关材料判定产品是否符合地理标志农产品"产自特定区域，具有独特的品质、工艺，传承浓厚农耕文化"的要求，并确定产品是否适合进行登记保护申请，因此建议申请人可于正式申报之前，先行准备以上材料。

二、申报阶段

（一）提出申请

申请人需将前期准备阶段收集整理的材料与农产品地理标志登记申请书一起，按照相关要求，统一编制形成纸质材料后，正式向省级农产品地理标志工作机构提出登记申请，纸质材料需递交一式两份（其中一份必须为原件）。农产品地理标志登记申报材料清单见表3-4。

表3-4 农产品地理标志登记申报材料清单

序号	材料名称	对应的技术文件（查询网址）
1	登记申请书	《农产品地理标志登记申请书》（农质安发〔2015〕11号附件3）
2	申请人资质证明	《农产品地理标志申请人资格确认评定规范》和《农产品地理标志登记审查准则》（农质安发〔2015〕11号附件1和附件2）
3	地域范围确定性文件和生产地域分布图	《农产品地理标志登记产品生产地域分布图绘制规范》（农质安发〔2008〕7号附件2）

续表

序号	材料名称	对应的技术文件（查询网址）
4	产品质量控制技术规范	《农产品地理标志质量控制技术规范（编写指南）》（农质安发〔2010〕16号发布版本）
5	人文历史及佐证材料	包括人文历史文本及佐证材料复印件
6	产品品质鉴定报告	《农产品地理标志产品品质鉴定规范》（农质安发〔2008〕7号附件4鉴评报告和农质安发〔2015〕11号附件4检测报告）
7	产品实物样品或者样品图片	—
8	其他必要的说明性或者证明性材料	包括法人证书复印件等

注：申请书等材料电子版可扫描以下二维码获取。

登记申请书

品质鉴定检测抽样单

质量控制技术规程模板

产品品质鉴评报告

产品品质检测报告

农产品地理标志登记申请书填写规范及要求如下：

中华人民共和国农产品地理标志

登记申请书

××省(区、市)农产品地理标志工作机构：

经××县(区、市)人民政府确认本单位具有申请农产品地理标志登记资格，经自查，产地环境和产品质量符合国家强制性技术规范要求，相关方面符合农产品地理标志登记要求，特向贵机构申请登记。同时，附上以下材料，请审查。

(1) 申请人资质证明。
(2) 地域范围确定性文件和生产地域分布图。
(3) 农产品地理标志质量控制技术规范。
(4) 产品典型特性描述和相应产品品质鉴定报告。
(5) 产品实物样品或者样品图片。
(6) 其他必要的说明性或者证明性材料。

登记申请单位(盖章)：必填
申请日期：　年　月　日

一　申请人信息

申请产品名称	必填			
申请人名称	必填			
法人性质	必填			
法定代表人	必填	联系人	必填	
联系电话	必填	手机	必填	
传真	必填	电子邮件	必填	
地址	必填，此处填写联系地址			
地域信息				
地域范围	□村级 □乡镇级 □县区级 □地市级 □省级 必选			
生产规模	种植业：公顷；畜牧业：万头/只/羽；渔业：公顷 必填			
年产量（万吨）	必填			
商标查重结果				
该名称是否注册普通商标	□否 □是，注册人：	如果申请产品名称已被在先注册为普通商标，申请人应提供商标注册人的承诺文件，同意登记后证书持有人及相关标志使用人使用该名称，确保不产生法律纠纷。		
该名称是否注册集体商标或证明商标	□否 □是，注册人：	如果申请产品名称已被在先注册为集体商标或证明商标，申请人应提供商标注册人的承诺文件，同意登记后证书持有人及相关标志使用人使用该名称，确保不产生法律纠纷。		
查询渠道	□国家商标局网站 □其他，注明：	必选		
查询日期	必填			

二　联合声明

　　我们均属申请登记产品名称在地域范围内的生产经营者，我们了解有关农产品地理标志登记保护工作，为保护这一传统地域特色品牌，促进该产业健康发展，我们就申报申请登记产品名称农产品地理标志登记保护工作联合声明如下：

　　一、全力支持登记申请人名称作为登记申请人申报申请登记产品名称农产品地理标志，自觉接受其对生产、加工、营销过程的指导，服从其对申请登记产品名称标志使用情况以及产品生产情况的跟踪检查和监督管理。

　　二、申请登记产品名称登记后，一经登记人授权，在今后的生产过程中将严格按照《申请登记产品名称农产品地理标志质量控制技术规范》要求组织生产和经营，保证申请登记产品名称的品质和质量；认真做好相关生产记录和标志使用档案，自觉建立质量控制追溯体系，对地理标志农产品的质量和信誉负责。

　　三、在今后的标志使用中认真执行《农产品地理标志管理办法》和《农产品地理标志使用规范》等规定，正确规范使用申请登记产品名称产品专用名称和国家农产品地理标志公共标识，不擅自扩大使用范围，不买卖、转让加贴标志。未经授权，不使用与申请登记产品名称相似的文字、图形或其组合，以保护申请登记产品名称的品牌信誉和市场信誉。

主要联合声明人（此处原则上至少3家以上生产主体签字盖章，且这些主体必须完成国家追溯平台注册工作）

1.单位名称 必填	2.单位名称 必填
（盖章）	（盖章）
法定代表人签字：	法定代表人签字：
年　　月　　日	年　　月　　日
3.单位名称 必填	4.单位名称
（盖章）	（盖章）
法定代表人签字：	法定代表人签字：
年　　月　　日	年　　月　　日

……（可加页）

三　拟授权标志使用人名录

　　根据《农产品地理标志管理办法》和《农产品地理标志使用规范》等要求，我单位现申报申请登记产品名称农产品地理标志。申报前，已与产品所在地域范围内的主要生产经营者进行了集体动议，申报成功后，拟授权以下标志使用人使用<u>申请登记产品名称</u>产品专用名称和国家农产品地理标志公共标识。

1.＊＊＊＊＊＊＊＊＊＊＊
2.＊＊＊＊＊＊＊＊＊＊＊　　　必填，名单需与"联合声明人"一致
3.＊＊＊＊＊＊＊＊＊＊＊
4.＊＊＊＊＊＊＊＊＊＊＊
……

四　申请人承诺

　　我单位承诺：对上述情况进行了认真查实，且结果真实，如有隐瞒不报、弄虚作假，愿承担相应后果，包括撤销农产品地理标志登记证书。获得登记保护后，将认真履行证书持有人职责，不拒绝符合要求的标志使用人用标申请。在不符合证书持有人条件时，愿接受相关主管部门的变更决定。

法定代表人签字：必填
盖章：
　　　　年　月　日

　　注：联合声明主体及拟授权标志使用人在申报前必须在国家追溯平台上注册。国家追溯平台可扫描以下二维码进入。

（二）现场核查

农产品地理标志登记申报现场核查是指在审查农产品地理标志登记申报材料的过程中，根据要求对申请人相关情况进行实地核实确认的过程，由部中心负责统筹和协调工作，省级农产品地理标志工作机构负责现场核查的组织和实施工作。申报材料在上报至省级农产品地理标志工作机构并经初审合格后，省级农产品地理标志工作机构应在考虑产品种类、生产季节等因素前提下，及时组织核查员并会同市、县（市、区）农业农村主管部门地理标志管理人员对申报材料的真实性和符合性进行现场核查。现场核查过程不得由地县农产品地理标志工作机构代为实施。必要时，部中心可以组织核查员实施现场确认核查。

现场核查工作的实施需根据《农产品地理标志现场核查工作程序》进行，具体实行核查组组长负责制，现场核查组一般由3～5位（含核查员或技术专家）组成。核查组应至少有1名省级农产品地理标志工作机构核查员参加。现场核查内容主要包括产业情况座谈了解，示范基地、主题场馆、龙头企业品牌等现场核查。现场核查组不得向申请人提出经确认的核查范围以外的其他核查要求。

核查组需根据产品生产实际情况合理安排相关实地核查工作，检查工作进行前，需以《农产品地理标志现场核查通知单》的形式书面通知申请人，并由申请人予以确认。

现场核查过程中，核查组按照核查方案进行实地核查，其间申请人需派了解产业生产情况的人员陪同核查，对生产情况等进行介绍，并按照实际情况回答核查组提出的问题。整个现场核查过程包括首次会议、实地核查、末次会议等环节，核查组内部及时沟通，汇总分析核查中发现的问题，明确现场核查结论，与申请人代表沟通并完成《农产品地理标志现场核查报告》。

整个核查工作应在2天内完成。特殊情况需要延长核查时间的，经与申请人协商同意后方可适当延长，但最长时间不得超过4天。

现场核查完成后，核查组对核查结果进行综合判定，做出现场核查结论。现场核查结论分三种：

（1）现场核查通过。

（2）现场核查基本通过，限期整改和报送整改结果。

（3）现场核查不通过，限期整改并届时派员对整改结果进行确认。

（三）产品检测

申请人在进行登记申报时，应当提交产品品质检测报告。检测指标应当选择需要在技术规范中重点描述的产品品质特色指标，避免罗列非特色指标。在技术规范中写明的品质特色指标是一个范围值（品质限值），而不是固定值。在技术规范中所列品质特色指标全部为必检项目，在检测报告中需进行验证检测。且委托检测指标项目必须与质量控制技术规范中的项目完全一致。

品质限值应通过对划定的地域范围合理布设抽样点（抽样规范各地自定），多点检测确定品质限值，不能仅通过一点一次检测就直接赋值。内在品质指标，由部中心委托的具有相应资质的检测机构出具检测报告。定点检测机构名录可扫描左侧二维码获取。

检测机构在接到检测任务后，应及时、合理安排专业抽样人员，按照规定抽样程序和方法进行抽样。抽样人员在抽样过程中须携带专用抽样单。现场抽样过程中，应当根据产品区域大小和分布特点，合理布设采样点。所抽样品要能够代表整个登记产品生产区域范围内所有产品的总体情况。

根据部中心规定，申报产品每个品种至少需要抽取3个样品（不同区块），分别进行检测后，提交3份样品的抽样单并出具3份检测报告（例如，申报产品有3个品种，则需要提供9份抽样单及检测报告，即每个品种提交3份抽样单及3份检测报告）。具体各类产品的抽样方法和抽样数量，由接受任务的检测机构和申请登记产品所在省级农产品地理标志工作机构共同确定。

抽样人员和申请人对抽取的样品真实性、代表性和有效性进行确认并负责。样品按规定进行适当的前处理后在现场进行加贴封条，并由抽样人员、申请人同时在封条上和抽样单上签字确认。抽样单一式四份，一份交由申请人随申报材料上报，一份由申请人留存。

检测机构收到样品后，依据申请登记产品的质量控制技术规范中相关可量化品质指标进行检测。若结果全部合格，则判定其产品符合相对应的质量控制技术规范要求。部分指标不符合其产品质量控制技术规范，或者产品具备其他典型可量化品质特性的，可建议申请人根据检测结果修改其产品质量控制技术规范。

检测机构应当根据检测结果及时出具《农产品地理标志产品品质检测报告》，每个样品需出具检测报告一式四份。一份交由申请人随申报材料上报，一份由申请人留存。

检测机构在接到申请人有关检测结果异议后，应当及时进行复检，并在规定时间内将复检结果通知申请人和省级农产品地理标志工作机构。

疑问解答

确定检测指标过程中应避免哪些问题？

农产品内在品质指标需通过检测来确定，需由部中心委托的具有相应资质的检测机构出具检测报告。在产品技术规范中所列品质特色指标全部为必检项目。在确定检测指标过程中应避免以下问题：

（1）检测指标与产品特性不相符，选择不合理，如检测水果内在特色指标时缺可溶性固形物、总酸含量等指标，而只检测各种氨基酸、矿质元素、维生素等。

（2）理化指标选择过多，造成后期持证人监管能力跟不上，检测费用偏高。

（3）指标阈值设置不合理，应注意检测样品量及送检时间（产品成熟度）等要素。

（四）品质鉴评

农产品地理标志产品品质鉴评是确定产品外在感官特征的重要环节，申请人向省级农产品地理标志工作机构提出产品感官品质鉴评申请后，省级农产品地理标志工作机构应及时组织相关专家成立品质鉴评组，凭借感官对农产品地理标志申请登记产品的色、香、味、形等外在感官特性进行评价。鉴评组一般由5～7名专家组成。

感官品质鉴评具体时间和地点由省级农产品地理标志工作机构申请人确定。鉴评前，申请人应当按照省级农产品地理标志工作机构要求做好鉴评样品、鉴评室、鉴评用具等相关准备工作。

鉴评样品要能够代表整个申请登记产品生产区域范围内所有产品的总体品质特性，且样品状态能够反映产品的固有特色。样品数量要能够满足鉴评工作需要。

农产品地理标志产品品质鉴评方式以会议形式进行。鉴评会参加人员包括品质鉴评组专家、申请人代表、各相关农产品地理标志工作机构人员。鉴评会由省级农产品地理标志工作机构人员主持，品质鉴评工作实行专家组长负责制。

未列入《全国地域特色农产品普查备案名录（2014版）》的产品，需由专家组形成"农产品地理标志专家审定意见"。

农产品地理标志产品感官品质鉴评以文字描述为主，凭借鉴评专家的经验和专业知识，对申请登记产品的质量控制技术规范所规定的外在感官特性进行鉴定评价。

农产品地理标志产品品质鉴评程序如下：

（1）主持人介绍品质鉴评组成员及相关方面人员。

（2）鉴评组织单位专业人员讲解鉴评要求、程序及鉴评规则。

（3）品质鉴评组组长主持鉴评：申请人代表以PPT形式介绍待鉴评产品，重点介绍外在感官特性；品质鉴评组进行鉴定评价；宣布品质鉴评结论；申请人代表就鉴评结论表态；品质鉴评组成员在鉴评报告上签字。

（4）主持人根据鉴评情况对鉴评工作进行小结。

品质鉴评结论分符合或者不符合申请登记产品的质量控制技术规范所描述的外在感官特性两类。鉴评结论为不符合的，品质鉴评组应当提出不符合的原因。对于不符合的或在鉴评过程中认为产品还有其他典型特性的，可建议申请人根据鉴评意见修改其产品质量控制技术规范。

（五）提交申报材料

完成感官品质鉴评后，申请人需对申报材料进行修改和整理，连同登记审查表按《农产品地理标志登记审查准则（2015年10月修订版）》规定顺序归档成册。注意：初步成册后请及时与省级农产品地理标志工作机构联系，报送全套扫描件，初审无误后编码装订。

申报材料成册后需报送县级和地市级农业行政主管部门进行登记审查并签署意见。审查意见要求详细、具体，不得空白或仅写"同意""情况属实"等简单意见，不得缺日期。

申报材料报送省级农产品地理标志工作机构共2份，其中1份为原件（报送部中心评审），另1份可用彩色复印件（省级农产品地理标志工作机构留存）。为方便材料补充或替换，材料装订时要求一律采用活页装订。

三、评审会阶段

农业农村部定期对各省组织申报的产品召开专家评审会，届时需由申请人选派熟悉业务的人员到会，重点对所申请产品的品质特色、产地环境、生产方式、人文历史、产品知名度、产业发展前景六方面相关情况进行汇报，并根据专家提出的问题进行答辩。汇报采用PPT形式，时间不超过10分钟。申请人可提供能够完整感知其独特品质特征的最小量实物样品，供评审专家进行实物对照评审。

一般情况下，评审会结束后，评审组会当场宣布产品是否通过专家评审，未通过专家评审的产品，由农业农村部作出不予登记的决定，书面通知申请人和省级农业行政主管部门，并说明理由。

四、公示公告阶段

经专家评审会通过的产品，由农业农村部在其官网等公共媒体上对登记的产品名称、申请人、登记的地域范围和相应的质量控制技术规范等内容进行为期10日的公示。

对公示内容有异议的单位和个人，应当自公示之日起30日内以书面形式向部中心提出，并说明异议的具体内容和理由。

部中心应当将异议情况转交所在地省级农业行政主管部门，待其提出处理建议后，组织农产品地理标志登记专家评审委员会复审。

公示无异议的，由部中心报农业农村部作出决定。准予登记的，颁发《中华人民共和国农产品地理标志登记证书》并公告，同时公布登记产品的质量控制技术规范。

第四节　登记保护审核要点

工作机构在接受申报咨询及受理相关资料前，应先确定申报产品和申报主体是否可以申请农产品地理标志登记保护。

（一）申报产品审核

申请农产品地理标志登记产品应当是源于农业的初级产品，并属农产品地理标志登记保护目录所涵盖的产品。没有纳入登记保护目录的产品，不予受理。具体申报产品类别覆盖3大行业22个小类（见表3-5）。

表3-5　农产品地理标志登记可申报产品类别

产品类别	产品受理品种	不受理品种
种植业产品	蔬菜、果品、粮食、食用菌、油料、糖料、茶叶、香料、药材、花卉、烟草、棉麻蚕桑、热带作物、其他植物	蔬菜罐头，水果罐头，果脯，蜜饯，以粮食为原料加工的速冻食品、方便面和各种熟食制品，精炼植物油，掺兑各种药物的茶和茶饮料，中成药
畜牧业产品	肉类产品、蛋类产品、奶制品、蜂类产品、其他畜牧产品	肉类罐头、肉类熟制品，蛋类罐头，加工奶制品（如酸奶、奶油等），蜂产品口服液、蜂王浆粉
渔业产品	水产动物、水生植物、水产初级加工品	熟制水产品和各类水产品罐头，罐装（包括软罐）水生植物产品，以鱼油、海兽油脂为原料生产的各类乳剂、胶丸、滴剂等制品

2016年1月1日起，根据相关规定申请产品应当已列入《全国地域特色农产品普查备案名录（2014年版）》，相关期限以地方人民政府申请人确定文件出具日期为准。未列入名录欲申请的，由省级农产品地理标志工作机构报部中心同意后，组织5名以上（单数，含5名）熟悉本领域的高级技术职称专家，对产品生产区域范围、产品品质特性、人文历史、社会认知度、发展潜力和市场需求等情况进行审定。相关专家来源应当具有广泛性，不得仅局限于申请产品所在地。部中心将根据需要派员参与相关审定工作。审定通过的，报部中心备案后方可申请。

受理产品其他原则如下：

（1）对于水、粗制盐、用于种植的种子等产品，不予受理。

（2）对于纯野生产品、原国家保护后部分放开人工养殖的产品、不依赖自然生态环境的纯设施生产及工厂化产品，原则上不予受理。

（3）对于药材类产品，为确保准确，应当在质量控制技术规范中提供具体拉丁名称；非药食同源的，应当征求相关管理部门意见。

（4）对于以同一地理区域名称申报3个以上（含3个）同一行业（种植业、畜牧业、渔业）产品的，应当从严把握，以突出主导品牌，必要时开展实地调研，保证登记效果。

受理过程中地理区域及产品品种常见问题：

（1）较大地理区域名称。对于以省域名称申报的产品，应当对产品称谓、品质特色等进行认真核实，符合要求的，由省政府（办公厅）及省级农业行政主管部门出具批复文件。

（2）较小地理区域名称。对于地理区域名称为乡（镇、村）名称且与其他地区（尤其是知名地区）名称相同的，或该地理区域名称在其他地区也有相同名称、相应产品的，为避免混淆，应当在小地域名称前加大地域名称。对于申报产品区域范围过小（如仅在一村、一岛），产品品质特色与周边地区同类产品无明显差别，且市场潜力、影响力、知名度不高的，建议先进一步对资源和品牌进行挖掘培育，待条件成熟后再行申报。

（3）跨省域地理区域名称。对于跨省域产品，应当经相关省级主管部门及有关方面协商一致，共同推出登记主体，由相关地方人民政府及农业行政主管部门共同出具批复文件，具体初审、现场核查等工作应当由相关省级农产品地理标志工作机构共同完成。

（4）地理区域属于跨省份的山脉、河流、湖泊等农产品地理标志，建议由具有相关资源管辖权限的专门机构划定地域范围和授权申请人。

(5) 地域交叉的问题。对于新申报产品与已登记产品地域范围存在交叉（重叠、涵盖）且产品通用名称相同的，应当对新申报产品的品质特色认真核实。如品质特色无明显区别、仅是地域范围不同的，不予受理，但可依照规定履行换证手续，重新核定地域范围。如品质特色确不相同，应当突出新申报产品在已登记产品基础上的个性特征，提供二者品质特色比对情况。同时，合理明确地域范围边界，对于交叉（重叠、涵盖）部分，应当与已登记产品相关权利人进行沟通协商，避免损害在先权利或发生权属争议。

(6) 对于以品种进行申报的畜禽产品，原则上以国家畜禽品种资源审定结果为重要依据，申报地应当位于品种审定的范围内。同一品种原则上避免多地登记。

(7) 同一品种相邻多地申报的，如品质特色无明显区别，应当由上一级主管部门做好规划协调，进行整体申报。

(8) 如同一品种在相邻地区品质特色确有区别，且难以整体申报的，某一地区单独申报时应当突出本地品质特色，并由上级主管部门进行确认协调，避免本地域同一品种多地重复申报。

(9) 申请产品与附属产品一体化申报审查。申请产品分多个品种时，应考虑：如名称、产品、特色不同，建议分别申报；如确定多个品种能一体化申报的，应要求申请人在申报材料中分别描述不同品种的品质特色，分别检测内在品质。

(10) 工作机构受理申请前，需先行对申请产品进行资源调查和可行性论证，对品质特色不突出、竞争优势不明显、登记保护价值不大的产品建议暂缓申报。可根据实际需要，要求申请人列明申请产品的品质特色，申请人再对产品的特色描述时应当尽量具体、准确，避免泛泛描述或罗列一般性指标。所提出的外在感官特征与内在品质指标之间应当相互呼应或验证，不得互不相关甚至相互矛盾。对特色指标比对问题暂不作强制性要求，有关单位可依托相关技术力量，加强调查研究，搜集相关依据，为审查评审工作提供参考。

（二）申请人资质审核

收到申请人申报要求后，县级以上地方人民政府应当及时对申请人的条件进行现场核查确认。审核内容包括：

（1）申请人应为事业法人、社团法人等，且持有合法的法人证书，不能为政府、企业和个人。

（2）申请人是否具备符合条件的办公场所和相应的专业技术人员。

（3）结合现场核查，审查申请人是否在申请产品的生产经营领域具有影响力和组织能力，是否被所在地域范围内的产品生产经营者普遍认可，具有指导标志使用人进行生产、加工的质量控制技术规范和推进产销衔接的经营渠道。

（4）如申请产品名称与商标存在冲突性，即申请产品名称已被注册为商标，申请人应提供商标注册人的承诺文件，同意登记后证书持有人及相关标志使用人使用该名称，确保不发生法律纠纷。申请人若隐瞒不报、弄虚作假的，一经发现，登记证书将予以撤销或注销。

（5）申请人资格由农产品地理标志所在地的地方人民政府确定，具体工作由所在地的县级以上农业行政主管部门负责办理。所在地县级以上地方人民政府农业行政主管部门通过官方网站或相关媒体向社会进行受理公示，公示时间为30天。相关省级农业行政主管部门须同时转发相关公示信息。经受理公示无异议的，县级以上地方人民政府农业行政主管部门将申请人情况报同级地方人民政府进行审定，由同级地方人民政府出具申请人资格唯一性确定性文件。政府内设部门（如办公室）出具文件无效（由省级人民政府确定申请人的除外）。跨县（市、区）域的申请人资格确定，由上一级人民政府出具申请人资质批复文件。地理区域属于跨省份的山脉、河流、湖泊等农产品地理标志，建议由具有相关资源管辖权限的专门机构划定地域范围和授权申请人。

（三）文本审核

各级工作机构在对农产品地理标志登记保护材料进行审核时，应遵循《农产品地理标志登记审查准则》要求，主要包含以下各方面的审核，农产品地理标志登记审查材料要求具体内容见表3-6。

表3-6　农产品地理标志登记审查材料要求

材料要求	具体内容
符合性	产品名称、产品特色、申请人、地域范围是否符合相关要求
完整性	材料是否齐全、完整，有无漏项
真实性	现场核查时，对申请人资质、产地环境、地域范围分布、产业发展情况等进行现场核查确认
规范性	签字、盖章、日期是否齐全，批文、报告是否为原件
有效性	检测机构、核查员是否具备相应资质
一致性	申请人、产品名称等前后是否保持一致

1.完整性审核

农产品地理标志登记保护申报材料文本应包含以下材料，并按照要求进行整理装订。

（1）需装订成册（建议采用单页可替换方式装订，方便材料补充）。

（2）封面注明产品名称、申请人全称、省级农产品地理标志工作机构等信息。

（3）申报材料装订顺序：封面，目录（包含页码），登记申请书，申请人资质批复文件（原件）及法人证书，地域范围批复文件（原件）和生产地域分布图（彩图），质量控制技术规范（新版），人文历史及相关佐证材料，产品品质鉴定报告（鉴评报告、检测报告）（原件），产品抽样单（原件），产品图片（彩图），其他必要的说明性或者证明性材料（人文历史佐证资料），现场核查报告（原件），登记审查报告（原件），核查员证书复印件。

2.符合性审核

（1）地域范围审查。

A.地域范围确定文件应为地方农业行政主管部门向申请人出具的批复文件，文件内容应包括地域经纬度范围、所辖具体乡镇名称（列表）、产品规模和产量等必要信息，并附地域分布图。

B.地域分布图应以最新版行政区划图为蓝本（彩图），准确标示出申请登记产品的地域范围和边界线。地域分布图包含的所辖乡（镇）或村，应与地域范围批复文件确定的乡（镇）或村完全一致。地域分布图边界线应采用加宽线条进行标示。地域范围应在地域分布图上加注文字说明。

C.地域范围应依据历史及种植（养殖）实际进行勘界，地域范围可以集中连片，也可点状分布。地域范围勘定后，不得随意扩大。

D.初级加工品应划定原料基地的地域范围。

E.地域范围批复文件应为原件，复印件无效。

F.对于产品主管部门包括其他部门的，应由农业部门和相关行业主管部门联合（或分别）出具地域范围确认文件，相关表述应保持一致；或农业部门征求相关行业部门意见后，单独出具文件，并注明征求意见情况。

（2）质量控制技术规范审查。

A.质量控制技术规范应严格按照新版《农产品地理标志质量控制技术规范编写指南》要求编写，文本不宜过长，关键要充分体现产品、产地、生产方式独特性等核心特征。技术规范版本、格式、字体、字号、行间距等应当符合编写指南规范要求，采用标准书面用语，品质参数指标使用国际通行计数方式和单位。

B.质量控制技术规范中的独特自然生态环境和特定生产方式描述应重点体现与产品独特品质形成有关联的因素。

C.质量控制技术规范中的产品品质外在感官特征描述应当客观真实。内在品质应当重点描述产品品质特色指标，避免罗列非特色指标。品质特色指标应是一个范围值（品质限值），而不是固定值。所列品质特色指标全部为必检项目，在检测报告中需进行验证检测。品质限值应通过对划定的地域范围合理布设抽样点（抽样规范各地自定），多点检测确定品质限值，不能仅通过一点一次检测就直接赋值。

D.质量控制技术规范中标志使用部分应写上标志使用人在产品或产品包装上统一使用农产品地理标志公共标识和产品名称组合形式字样，产品名称为申请登记产品名称。

（3）人文历史审查。

A.人文历史佐证材料审查。人文历史表现形式：产品生产历史；县志、市志等历史文献记载；诗词歌赋、传记、传说、轶事、典故等记载；民间流传的该类产品民风、民俗、歌谣、工艺文化；饮食、烹饪方法等；名人的评价与文献；荣获省级以上历次名牌产品奖项情况；媒体宣传、报道、图片等。人文历史证明材料可为多种表现形式，但所列表现形式的前两项原则上必须提供。人文历史文字描述应有对应的佐证材料。

B.人文历史年限确认审查。结合我国国情，人文历史年限（生产历史年限）原则上应为20年以上。人文历史年限应提供充分的证据或证明，并应在证据或证明中做出明显标记。没有人文历史年限记载的，应书面提供产品具备人文历史传承和需要登记保护的充分理由和证明。相关理由和证明应经专家集体评审确认。

（4）产品样品图片审查。

A.样品图片应含种植（养殖）初级产品、制成品（仅限申请产品为初级加工品）图片及产品包装图片，样品图片应为彩色实物照片。

B.产品名称应在产品包装上已实际使用，产品包装图片上的产品名称应与申请产品名称完全一致。

（四）现场核查

现场核查是地理标志农产品登记申报审核过程中，核查员对申请人情况的实地核查及书面材料真实性审查的过程。

1.现场核查分工

部中心：负责农产品地理标志登记现场核查的统筹和协调工作。必要时，可以组织核查员实施现场确认检查。

省级农产品地理标志工作机构：负责现场核查的组织和实施工作。根据初审情况拟定现场核查计划。现场核查计划包括现场核查的时间、地点、内容、程序和人员构成等要素。

农产品地理标志核查员：负责现场核查的具体实施工作。

2.现场核查要求

依据:《农产品地理标志现场核查工作程序》。

形式:现场核查实行核查组组长负责制。

参加人员:现场核查组一般由3~5名核查员和技术专家组成。核查组中至少有1名省级农产品地理标志工作机构核查员参加。地县级农产品地理标志工作机构核查员不作为现场核查组成员参与现场核查工作。现场核查结论表中组长和其他核查组成员均应进行签字,非核查组人员无须签字。

时间:现场核查时间应安排在产品生产季节。现场核查工作,应当在2天内完成。特殊情况需要延长核查时间的,需申请人同意后方可适当延长,但最长时间不得超过4天。

现场核查步骤:

(1)制定现场核查方案。根据实际情况,制定可操作的《农产品地理标志现场核查方案》。

(2)通知申请人。以《农产品地理标志现场核查通知单》的形式书面通知申请人,并由申请人予以确认。

(3)实施现场核查。依据现场核查方案进行核查。

A.召开首次会议。核查组与申请人见面时召开首次会议。会议由核查组组长主持,参加人员包括核查组全体人员、申请人代表和部门负责人等。内容包括:介绍参会人员;确认核查范围、核查依据、日程安排、核查方法和核查结论的报告形式;宣读保密承诺;确定陪同人员;明确注意事项,说明相关问题;确定末次会议的安排。

B.进行实地核查。核查组应按照核查方案对产品的产地、生产过程进行实地核查。核查组内部应及时沟通,汇总分析核查中发现的问题，明确现场核查结论，与申请人代表完成《农产品地理标志现场核查报告》，并商定末次会议有关事宜。现场核查报告可扫描右侧二维码获取。

C.召开末次会议。现场核查结束前召开末次会议。由核查组组长主持，参会人员应包括核查组全体人员、申请人代表和地方有关方面人员等。内容包括：简述核查的总体情况；介绍核查过程和发现的主要问题；对申请人资质、产地环境条件、地域划分范围、生产记录档案、生产技术规程和产品质量控制技术规范的建立、实施等情况的有效性评价；宣布核查结论，提出改进或整改意见；申请人代表讲话；宣布末次会议和现场核查结束。现场核查结论分三种：①现场核查通过；②现场核查基本通过，限期整改和报送整改结果；③现场核查不通过，限期整改并届时派员对整改结果进行确认。

（4）其他工作。核查组在完成现场核查后5个工作日内，向省级农产品地理标志工作机构提交《农产品地理标志现场核查报告》，省级农产品地理标志工作机构根据现场核查结果和核查组意见负责现场核查的后续工作。

现场核查报告等资料填写规范及要求如下。

农产品地理标志现场核查方案

申请人	应填写农产品地理标志登记申请人名称，注意与事业法人登记证等证件一致						
产地位置	产地位置应在申请保护地域范围内						
产品名称	与申报产品名一致						
联系人	必填		电话	必填		传真	必填
实施日期	年　　月　　日—　　月　　日　必填						
核查依据	《农产品地理标志现场核查工作程序》						

核查范围及主要内容：
1. 现场听取申请人汇报：听取申请人关于申请登记产品及其产地环境、区域范围和生产管理等有关情况的介绍；
2. 实地检查：确定检查的基地范围和地块数，随机进行实地检查；
3. 随机访问：确定访问的生产者，随机访问生产者和有关技术人员，获得产品生产及管理情况资料；
4. 查阅文件、记录：了解申请单位质量控制措施及确保农产品地理标志产品质量的能力；核实申请单位生产管理制度的执行情况及控制的有效性。查阅文件包括生产技术规程和产品质量控制技术规范等；查阅的记录包括生产及其管理记录、出入库记录、生产资料购买及使用记录、销售记录、卫生管理记录、培训记录等；
5. 核查其他需要了解的内容。

核查组成员

组中职责	姓名	单位	职务/职称	联系电话
组长	必填	必填		
组员	必填	必填		
组员	必填	必填		

编制人：必填　　　审定人：必填　　　日期：日期在实际开始现场核查前

农产品地理标志现场核查通知单

应填写农产品地标登记保护申请人名称，注意与事业法人登记证等证件一致：

你单位报送的<u>申报产品名称</u>农产品地理标志登记申请材料收悉。经初步审查合格，现定于　年　月　日至　月　日对你单位进行现场核查，请予以支持和配合。

核查组联系人：<mark>必填</mark>

联系电话：<mark>必填</mark>

附：《农产品地理标志现场核查方案》

省级农产品地理标志工作机构（印章）

　年　月　日

抄送：所在地、县两级农业行政主管部门（或农产品地理标志工作机构）

中华人民共和国农产品地理标志

现场核查报告

申请人全称：必填

申请登记产品：必填

现场核查结论：通过/基本通过/不通过

中国绿色食品发展中心　制

填写说明

1. 本报告由现场核查组填写，核查组成员必须为有资质的农产品地理标志核查员。

2. 报告用语应当规范准确。栏目不得空缺，没有填写内容的应填"无"。

3. 核查组签字必须由组长和成员本人签字，其他人不得代签。

4. 核查组应当在现场核查后5个工作日内，将《农产品地理标志现场核查报告》(原件)报省级农产品地理标志工作机构。

5. 报告格式可从 www.aqsc.gov.cn 网站下载后用A4纸印制。

6. 报告内容由中国绿色食品发展中心负责解释。

一 申请人基本情况

现场核查组基本情况					
核查组派出机关	省级农产品地理标志工作机构名称				
类别	分工	姓名	单位	职务/职称	联系电话	备注
核查组	组长					
	成员		必填，包括组长在内由3~5名核查员和技术专家组成。核查组成员必须为有资质的农产品地理标志核查员			
	参加人员		参加人员可以为当地农产品地理标志工作机构人员及企业代表			
核查依据	《农产品地理标志现场核查工作程序》				
保密承诺	核查组承诺：严格按照有关农产品地理标志登记的法律法规实施现场核查，对于核查组在核查中可能涉及的登记申请人的产品、技术等非公开信息，在未得到法律许可或登记申请人同意的情况下不向第三方透漏。				

接受核查单位基本情况				
单位名称	必填		法人代表	必填
通信地址	必填		邮编	必填
联系人	必填	电话	必填	传真	必填
产品名称	必填		现场核查地点	必填
核查日期		年 月 日 必填		

72

二 现场核查客观事实记录

一、申请人资质及基本情况

> 具体描述申请人类型(如协会或事业单位等)、相关职能等基本情况

二、产地环境条件

> 产地环境是否符合国家强制性技术规范要求,产地具有的特殊自然生态环境也可在这部分详细说明

三、地域划分范围及分布情况

> 描述地域范围经纬度以及地域分布的区域,并且阐述实际生产中情况是否与产品申报书中的《农产品地理标志登记产品生产地域分布图》一致

四、生产技术规程和产品质量控制技术规范的建立与实施情况

> 描述当地产业是否有制定符合农产品地理标志质量控制规范要求的技术规范以及其他质量控制技术规范编制时间及实施情况

五、生产过程档案记录情况

> 描述核查过程中生产者的生产、初加工档案是否清晰、完整、真实且记录内容是否符合农产品地理标志生产及相关法律法规要求

六、其他需要说明的情况

三　现场核查结论表

现场核查结论	☐ 通过 ☐ 基本通过，限期整改和报送整改结果　　**必选** ☐ 不通过，限期整改并届时派员对整改结果进行确认
现场核查组组长签字： 成员签字：	必须手签，且签名需与通知单等资料中名单一致 　　　　　　　　　　　　　　年　　月　　日
申请人代表签字：	手签 　　　　　　　　　　　　　　年　　月　　日
不合格项目确认意见	如现场核查结论为基本通过及不通过，则此项必填，且申请人代表需手动签字确认 申请人代表签字：　　　　　　　年　　月　　日
整改结果备注	如现场核查结论为基本通过，则此项需注明整改结果

（五）品质鉴评

农产品地理标志产品品质鉴评是凭借感官对农产品地理标志申请登记产品的色、香、味、形等外在感官特性进行评价的活动。

依据：《农产品地理标志产品品质鉴定规范》《农产品地理标志产品感官品质鉴评规范》。

时间：鉴评时间应在申请人向省级农产品地理标志工作机构提出产品感官品质鉴评申请后，确定鉴评时间时应考虑选择产品品质特征明显的时节，具体时间由省级农产品地理标志工作机构申请人确定。一般情况下，鉴评时间不得早于申请产品上市季节。

地点：鉴评地点应尽量选择可保证产品品质特征的地区召开（如某些特色产品不适宜异地运输的，可考虑在生产地进行鉴评），鉴评地点的空气、温度、湿度、光照等应当满足鉴评需要，具体由省级农产品地理标志工作机构申请人确定。

形式：农产品地理标志产品品质鉴评方式以会议形式进行。省级农产品地理标志工作机构负责组织相关专家成立品质鉴评组，负责组织产品鉴评工作。也可以委托相应专业技术机构组成鉴评组实施鉴评。鉴评组一般由5~7名专家组成，由其中一名专家任鉴评组组长，相关专家来源应当具有广泛性，不得仅局限于申请产品所在地，省级农产品地理标志工作机构内部人员不得作为鉴评组成员。

参加人员：包括品质鉴评组专家、申请人代表、各相关农产品地理标志工作机构人员。鉴评会由省级农产品地理标志工作机构人员主持，品质鉴评工作实行鉴评组长负责制。

鉴评专家需满足以下条件：

（1）具有相应技术专长或者取得相关专业资质。

（2）熟悉申请登记地理标志农产品情况和产品典型品质风味特性。

（3）能够客观、准确地对申请登记产品进行特性描述。

（4）身体健康，并能够按照要求参加鉴评。

（5）作风严谨，客观公正，实事求是。

申请人准备：鉴评前，申请人应当按照省级农产品地理标志工作机构要求做好鉴评样品、鉴评室、鉴评用具、汇报材料等相关准备工作。

样品要求：供品质鉴评的产品样品要能够代表整个申请登记产品生产区域范围内所有产品的总体品质特性，且样品状态能够反映产品的固有特色。样品数量要能够满足鉴评工作需要。

总体要求：农产品地理标志产品感官品质鉴评是指凭借鉴评专家的经验和专业知识，对申请登记产品的质量控制技术规范所规定的外在感官特性进行鉴定评价，以文字描述为主。

鉴评程序：

（1）主持人介绍品质鉴评组成员及相关方面人员。

（2）鉴评组织单位专业人员讲解鉴评要求、程序及鉴评规则。

（3）鉴评组组长主持鉴评。申请人代表介绍待鉴评产品，重点介绍外在感官特性；鉴评组进行鉴定评价；宣布品质鉴评结论；申请人代表就鉴评结论表态；鉴评组成员在鉴评报告上签字；主持人根据鉴评情况对鉴评工作进行小结。

鉴评结果：品质鉴评结论分符合或者不符合申请登记产品的质量控制技术规范所描述的外在感官特性两类。

鉴评结果为不符合的，鉴评组应当提出不符合的缘由。对于不符合的或在鉴评过程中认为产品还有其他典型特性的，可建议申请人根据鉴评意见修改其产品质量控制技术规范。

鉴评工作结束后，鉴评组应当客观、准确填写《农产品地理标志产品品质鉴评报告》，并对鉴评结论负责。鉴评组成员应在备注栏内签名，鉴评意见由组长签字。鉴评报告一式三份，统一交由省级农产品地理标志工作机构进行确认。

省级农产品地理标志工作机构应当在5个工作日内完成对《农产品地理标志产品品质鉴评报告》的审核确认工作。确认时应当签署具体的确认意见，并加盖省级农产品地理标志工作机构印章。鉴评报告一份交由申请人随申报材料上报；另外两份由申请人和省级农产品地理标志工作机构分别留存。上报的鉴评报告应为原件，复印件无效。

图3-3　建德草莓

中华人民共和国农产品地理标志

产品品质鉴评报告

登记申请人： 必填

登记产品： 必填，与申请产品名一致

省级农产品地理标志工作机构（盖章）：

必填，上报材料需为盖章原件

报告日期： 　年　　月　　日

必填，报告日期不得早于产品申报时间

中国绿色食品发展中心　制

注意事项

1. 报告无省级工作机构单位公章无效。
2. 复制报告未重新加盖省级工作机构公章无效。
3. 报告涂改无效。
4. 对鉴评报告若有异议，应于收到报告之日起十五日内向省级工作机构提出，逾期不予受理。
5. 未经省级工作机构同意，鉴评报告不得用于商业性宣传。

地址：
邮政编码：　　　必填
电话：
传真：

鉴评报告

NO.   共　　页第　　页

样品名称	与申报产品名一致	样品等级、状态	状态与技术规程描述一致
受鉴评单位	与申报单位名一致		
抽样地点	需在保护地域范围内	抽样日期	在产品生产季，不得早于申报日期
样品数量	以满足检测工作需要为前提，具体数量由检测机构与省级农产品地理标志工作机构共同确定	抽样者	必填
通信地址	必填	邮编	必填
联系人	必填　　电话　　必填	传真	必填

鉴评组成员	姓名	单位	职务/职称	备注
	鉴评组一般由5～7名专家组成，需如实填写姓名、单位、职务等信息内容			品质鉴评组成员在鉴评报告上签字

品质鉴评意见：

品质鉴评以文字描述为主，由鉴评组对申请登记产品的色、香、味、形等外在感官特性进行鉴定评价

组长签字,日期不得早于产品申报时间   组长签字：

年　　月　　日

省级工作机构确认意见：

意见应详细具体，不得空白或仅写"同意""情况属实"等，日期不得早于产品申报时间

负责人签字：

年　　月　　日

注：鉴评报告可附页。

(六)材料综合审查

省级农产品地理标志工作机构自受理农产品地理标志登记申请之日起,应当在45个工作日内完成申请材料的初审和现场核查工作,并提出初审意见,完成登记审查报告。登记审查报告可扫描以下二维码获取。符合条件的,将申报材料和初审意见报送部中心;不符合条件的,应当在提出初审意见之日起10个工作日内将相关意见和建议通知申请人。

图3-4 黄岩蜜橘

中华人民共和国农产品地理标志

登记审查报告

（2015年10月修订）

农产品地理标志名称： 必填

申请人全称： 必填

申请材料编号： 可不填

中国绿色食品发展中心　制

填写说明

　　1.封面、与在先产品间关系、受理公示情况、地县级工作机构审核意见和省级工作机构的初审意见由县、地和省级工作机构填写,中国绿色食品发展中心审查意见由中国绿色食品发展中心填写。

　　2.对申报材料的审核和评审应当客观、公正,提出的意见要具体,作出的评审结论要明确。对不符合项要注明缘由和依据。

　　3.报告应当术语规范、准确,印章清晰。

　　4.报告格式可从www.aqsc.agi.gov.cn网站下载后用A4纸印制。

一　地县级工作机构审核确认意见

与在先产品间关系	是否在先登记为商标：□否；□是，注册人 是否与已登记同类产品地域范围存在交叉（重叠、涵盖）情况： □否；□是，具体说明　　　　　　　　　　　　　　**必选** （如有隐瞒不报、弄虚作假的，一经发现，将撤销登记证书）
受理公示情况	公示时间：　　年　月　日至　　年　月　日 公示渠道： 公示结果：□无异议；□有异议，具体说明： （如有隐瞒不报、弄虚作假的，一经发现，将撤销登记证书）
县级工作机构审核确认意见	审核确认意见要求详细具体，不得空白或仅写"同意""情况属实"等简单意见，不得缺日期；如县级工作机构暂无地理标志核查员，则核查员签字处可不填写 核查员（签字）：　　　　负责人（签字）： 　　　　　　　　　　　（加盖县级工作机构印章） 　　　　　　　　　　　　　　年　　月　　日
地级工作机构审核确认意见	审核确认意见要求详细具体，不得空白或仅写"同意""情况属实"等简单意见，不得缺日期；如地级工作机构暂无地理标志核查员，则核查员签字处可不填写 核查员（签字）：　　　　负责人（签字）： 　　　　　　　　　　　（加盖地级工作机构印章） 　　　　　　　　　　　　　　年　　月　　日

二　省级工作机构的初审意见

申报材料初审意见	审核确认意见要求详细具体，不得空白或仅写"同意""情况属实"等简单意见，不得缺日期；需随产品申报材料一并递交核查员证书复印件 核查员（签字）： 　　　　　　　年　　月　　日
现场核查意见	审核确认意见要求详细具体，不得空白或仅写"同意""情况属实"等简单意见，不得缺日期；现场核查小组组长签字，需与《现场核查报告》一致 现场核查小组组长（签字）： 　　　　　　　年　　月　　日
省级工作机构综合评定意见	审核确认意见要求详细具体，不得空白或仅写"同意""情况属实"等简单意见，不得缺日期；如省级工作机构暂无地理标志核查员，则核查员签字处可不填写 省级工作机构负责人（签字）： （加盖省级工作机构印章） 　　　　　　　年　　月　　日

三　中国绿色食品发展中心审查意见

全套材料形式审查意见	地理标志处负责人（签字）： 年　　月　　日
专家评审意见	专家评审组组长（签字）： 年　　月　　日
评审委员会对专家评审意见的确认情况	主任委员（签字）： 年　　月　　日
公示及报审意见	中心主任（签字）： （加盖部中心印章） 年　　月　　日
登记发证情况	

第五节　登记保护评审要点

所有纸质材料齐全后，由省级农产品地理标志工作机构统一上报至部中心，部中心自收到申报材料和初审意见之日起20个工作日内，对申报材料进行复核性审查，并提出修改意见，确保提交专家评审会的产品材料符合形式审查要求。申报材料出现明显错误或一般性错误较多的，以及在规定时限内未补充或未整改的，部中心将对申请材料进行退回处理并驳回申请。

符合要求的申报材料，将进入登记评审环节，登记评审以召开专家评审会的形式进行。

部中心地理标志处下设农产品地理标志登记专家评审委员会秘书处（以下简称"秘书处"），具体负责评审会的组织工作。评审会召开前，秘书处根据申报产品数量和类别，聘请评审委员会专家库中的相关专业领域专家临时组成评审会专家评审组。专家评审组分为种植、畜牧、渔业三个行业专家评审组（以下简称"行业组"），每个行业组分为若干专业小组（以下简称"专业组"）。

评审人员：专家评审组人数由秘书处根据评审产品数量和专业领域合理进行确定。评审会召开前，秘书处通知参评产品所在地省级农产品地理标志工作机构组织申请人代表参加会议，并进行汇报和答辩。专家评审分行业独立进行，实行行业组组长负责制，一般每组7~9人。行业组组长主持本行业评审工作，提出评审重点及技术要求，统筹评审进度和尺度。

专家评审组严格按照《农产品地理标志管理办法》和《农产品地

理标志登记审查准则》等相关配套技术规范要求进行评审。评审内容如下：

1. 形式复核

从专家角度对初审和复审内容进行一般性的复核确认把关，主要评审以下内容：

（1）复核初审和复审程序是否完整，是否存在一般性或重大审查漏洞。

（2）复核重点环节和关键材料的规范性和符合性，主要对产品名称、登记申请人、地域范围、质量控制技术规范、人文历史、品质鉴定报告、现场核查报告和登记审查报告等材料进行复核确认把关。

2. 技术审核

专家除对初审和复审进行形式复核外，重点从技术层面对以下内容进行评审：

（1）评审质量控制技术规范和品质鉴定报告，确定产品品质特色是否突出或明显。

（2）评审质量控制技术规范和品质鉴定报告，确定产品品质特色与产地环境、生产方式之间是否存在地域关联性，具体的影响因子是否对产品品质形成产生较大影响。

（3）评审人文历史佐证材料，确定产品人文历史年限是否符合规定，证据或证明是否真实有效，产品在行业内或专业领域内是否具有一定的知名度。

（4）评审《农产品地理标志登记审查准则》中特别规定的附加审查内容，确定产品名称与商标冲突性、申请产品与附属产品一体化申报等相关内容是否符合规定。

（5）评审确定申请产品是否具有登记保护价值和产业发展前景。

3.评审程序

（1）全体参会人员到主会场集中，由秘书处主持会议，宣布会议开始。

（2）评审委员会主任委员或副主任委员对评审提出总体要求。

（3）秘书处介绍评审规则和程序，公布专家评审组成员构成，提名各行业组组长。

（4）各行业组到指定分会场进行评审。

（5）各行业组组长主持评审，具体介绍评审技术要点和相关评审要求，并指定各专业组组长。

（6）各专业组按照分工对申报材料分别进行预评，提出初评意见和需答辩的相关技术问题，由各专业组组长进行汇总，并召集组内专家会商，确认提问内容。

（7）预评结束后，各行业组进入互动式评审阶段，申请人代表逐一进场重点向行业组汇报申请产品品质特色、产地环境、生产方式、人文历史、产品知名度、产业发展前景等相关情况，汇报使用PPT，时间不超过10分钟。

（8）专业组向申请人代表进行现场提问，申请人代表进行答辩。行业组其他成员如有问题，也可向申请人代表进行现场提问。每个产品现场提问及答辩时间不超过10分钟。

（9）申请人代表答辩离场后，专业组根据预评、汇报和答疑等情况提出初步评审意见（通过/暂缓/不通过），行业组对专业组提出的评审意见进行合议，并以举手表决的方式对专业组提出的初步评审意见进行表决，作出评审结论（通过/暂缓/不通过），半数以上同意的为表决通过。暂缓或不通过的产品，行业组需提出暂缓或不通过的理由和具体处理意见。合议过程中，如需申请人代表再次进行答疑的，由秘书处负责安排。

（10）合议结束后，由秘书处分别召集各行业组参会人员，并代表各行业组宣读评审结果。

4.评审结果处理

因产品特色不显著、地域范围勘界不准确等较大缺陷而暂缓或不通过的产品，必要时，秘书处可组织专家另行采取现场评审的方式，对相关情况进行现场确认，现场评审结果将作为该产品能否再提交下次评审会的重要依据。

评审结束前，行业组组长和专业组在评审报告、评审表格上签署评审意见和结论，并将全部评审资料统一交回秘书处。

评审结束后，秘书处按程序将本次评审产品的评审意见报评审委员会技术负责领导审核确认。农产品地理标志登记申报材料样本参考可扫描左侧二维码获取。

第四章
农产品地理标志使用监管

第一节 农产品地理标志授权管理

经专家评审会通过的产品,由农业农村部在其官网上进行公示,公示无异议准予登记的,颁发《中华人民共和国农产品地理标志登记证书》并公告,同时公布登记产品的质量控制技术规范。

经公告并获得农产品地理标志登记证书(图4-1)后,登记证书持有人可按照规定程序接受符合《农产品地理标志管理办法》第十五条规定条件的生产经营者的标志使用申请。向登记证书持有人申请使用农产品地理标志的单位和个人需符合以下条件:

(1)生产经营的农产品产自登记确定的地域范围。

(2)已取得登记农产品相关的生产经营资质。

(3)能够严格按照规定的质量技术规范组织开展生产

经营活动。

(4) 具有地理标志农产品市场开发经营能力。

(5) 已在国家农产品质量安全追溯管理信息平台注册。

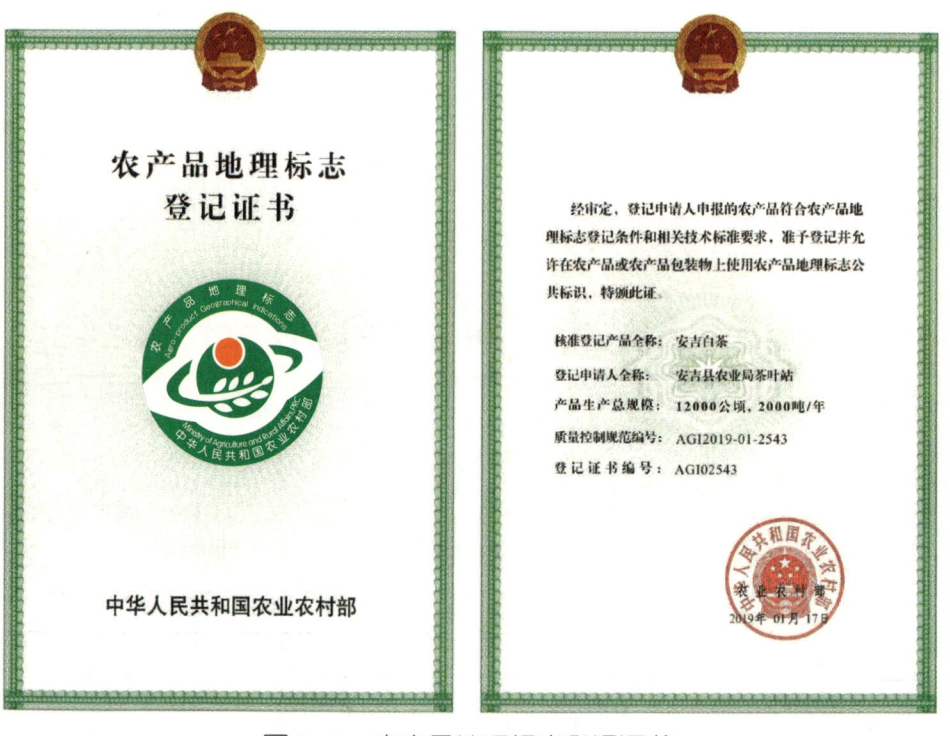

图4-1　农产品地理标志登记证书

申请使用农产品地理标志的单位或个人，应向登记证书持有人提交以下材料：

(1) 申请书。

(2) 生产经营者资质证明。

(3) 生产经营计划和相应质量控制措施。

(4) 规范使用农产品地理标志的书面承诺。

（5）其他必要的证明文件和材料（如绿色食品证书、产品质量安全检测报告）。标志使用申请书可扫描右侧二维码获取。

经审核符合标志使用条件的，登记证书持有人应当按照生产经营年度与标志使用人签订农产品地理标志使用协议，在协议中载明标志使用数量、范围及相关责任义务。标志使用协议可扫描右侧二维码获取。

疑问解答

农产品地理标志登记证书持有人与标志使用人是什么关系？

农产品地理标志登记证书持有人与标志使用人是契约管理关系，证书持有人与标志使用人之间要签订标志使用协议。

农产品地理标志登记证书持有人应当建立规范有效的标志使用管理制度，对农产品地理标志使用人实行动态管理、定期检查，并提供技术咨询与服务。

农产品地理标志使用人应当建立农产品地理标志使用档案，如实记载地理标志使用情况，并接受登记证书持有人的监督。

第二节　农产品地理标志规范使用

农产品地理标志使用协议生效后,标志使用人方可在农产品包装物上使用农产品地理标志,并可以使用登记的农产品地理标志进行宣传和参加展示展销活动。

标志使用人在设计产品及印刷宣传手册等使用农产品地理标志时,应注意需符合《农产品地理标志公共标识设计使用规范手册》要求。标志设计手册可扫描左侧二维码获取。

图4-2　符合要求的农产品地理标志包装设计图

农产品地理标志使用期限为3年。协议期满并符合条件的,登记证书持有人与标志使用人需按原程序重新签订协议。

《农产品地理标志使用规范》规定,登记证书持有人和标志使用人的权利及义务见表4-1。

表4-1　登记证书持有人和标志使用人权利及义务

	享有的权利	应履行的义务
登记证书持有人	(1) 对农产品地理标志进行使用授权； (2) 有权定期对标志使用人农产品地理标志使用情况以及产品生产情况进行跟踪检查和动态管理	(1) 负责建立农产品地理标志使用和管理制度； (2) 向标志使用人提供标志使用及产品生产方面的技术咨询服务
标志使用人	(1) 可以在产品及其包装上使用农产品地理标志； (2) 可以使用登记的农产品地理标志进行宣传和参加展示展销活动	(1) 自觉接受登记证书持有人的监督检查； (2) 保证地理标志农产品的品质和信誉； (3) 正确规范地使用农产品地理标志； (4) 如实对标志使用情况进行记录，并及时进行归档

第三节　农产品地理标志监督管理

申请人获得农产品地理标志登记证书后，各级农产品地理标志工作机构应从多方面加强力量对使用农产品地理标志规范性进行监管和指导。

一、加强标识监管

《农产品地理标志管理办法》规定，任何单位和个人不得伪造、冒用农产品地理标志和登记证书。

当标志使用人出现以下情形时，登记证书持有人有权视情节轻重，向标志使用人提出暂停使用、终止协议等相关处置意见。

(1) 擅自扩大使用范围，将标志使用在非产自登记确定的地域范围内产品上。

（2）买卖、转让加贴型标志。

（3）使用与登记农产品地理标志相似的文字、图形或其组合，造成消费误导。

（4）有证据证明生产经营的农产品品质下降或者不符合农产品质量安全标准要求。

（5）未按照规定要求建立农产品地理标志使用记录，拒绝接受登记证书持有人和各级农产品地理标志工作机构监督检查。

在生产经营过程中，如登记的地理标志农产品或登记证书持有人不再符合地理标志农产品相关规定的，由农业农村部注销其农产品地理标志登记证书并对外公告。

登记证书持有人应当定期向所在地县级以上农业行政主管部门报告农产品地理标志使用情况。县级以上农业行政主管部门应当加强农产品地理标志监督管理工作，定期对登记的地理标志农产品的地域范围、标志使用等进行监督检查。并将农产品地理标志使用及监督检查情况逐级报省级农产品地理标志工作机构。省级农产品地理标志工作机构应当于每年1月底前向部中心地理标志处报送上一年度农产品地理标志使用及监督检查情况。标志使用人信息登录表可扫描下侧二维码获取。

二、加强标识规范使用引导

1. 加强宣传

大力宣传正确使用标识的好处和作用，让获得地理标志使用权的企业真正了解标识使用的相关政策，提高用标意识，自觉规范使用标识。

2. 加强培训

应加强对登记证书持有人的培训工作，充分发挥登记证书持有人的桥梁和纽带作用，指导督促获得使用权的企业规范用标。

3. 建立激励机制

建立规范用标激励机制，对于规范用标和主动用标的获得标志使用权的企业，给予适当的奖励；对于不主动用标或者长期不用标的，可终止授权。

三、加强登记产品质量监管

《中华人民共和国农产品质量安全法》及《农产品地理标志管理办法》规定，已经登记农产品地理标志的产品质量安全指标应符合国家相关强制性技术规范要求，营养指标应达到农产品地理标志质量控制技术规范要求的内在品质指标范围。县级以上农业工作机构应定期对辖区内地理标志农产品进行风险监测及监督抽检。对不符合要求的产品根据相关法律法规要求产品生产主体进行限期整改或对证书持有人进行撤销证书处理。

疑问解答

对冒用农产品地理标志行为如何进行处罚？

任何单位和个人不得冒用农产品地理标志。冒用农产品地理标志的，依照《中华人民共和国农产品质量安全法》第五十一条规定处罚，即责令改正，没收违法所得，并处2000元以上2万元以下罚款。

第四节　农产品地理标志证书变更

地理标志农产品一经登记后，证书长期有效。在登记产品相关内容发生变化时，登记证书持有人应当按照规定程序提出变更申请，其中包含以下几种情况：

1.登记产品名称变更

对已登记产品名称变更问题应当慎重，如确需进行变更的，相关方面须提出充分理由，由县级以上地方人民政府出具相应变更申请文件，重新组织材料提交专家评审，评审通过的，履行公示公告程序。

2.其他登记信息内容变更

（1）登记证书持有人或者法定代表人发生变化的。

（2）地域范围或者相应自然生态环境发生变化的。

登记证书持有人应当向省级农产品地理标志工作机构提出变更申请。经省级农产品地理标志工作机构审查同意后，报部中心地理标志处。

登记证书持有人不能有效发挥作用的，如当地政府及保护区域内生产经营者有变更意愿，可由县级以上地方人民政府出具相应变更申请文件，履行公示公告程序后提出变更申请。

变更申请内容符合规定要求的，由部中心按程序履行公示后准予变更，颁发变更后的《中华人民共和国农产品地理标志登记证书》并公告。

3. 证书变更需递交的材料

（1）原登记证书持有人向省级农产品地理标志工作机构提出的变更申请。

（2）原登记证书持有人撤并、注销等相关证明文件等。

（3）地方人民政府同意变更的意见及同意新登记证书持有人的批复（原件）。

（4）对新登记证书持有人（包括划定的地域保护范围）要在相应媒体（省级）进行30日公示。

（5）省级农产品地理标志工作机构审查意见。

（6）原登记证书原件。

（7）信息变更情况表（变更前、变更后）。

例：

表4-2 农产品地理标志信息变更情况表

产品名称	所在地域	变更前登记证书持有人全称	变更后登记证书持有人全称	划定的地域保护范围	备注
缙云米仁	浙江	缙云县米仁产业协会	缙云县农民合作经济组织联合会	浙江省缙云县。地理坐标为东经119°52′～120°25′，北纬28°25′～28°57′	2013年公告产品（登记证书编号AGI01288）

第五章
农产品地理标志核查员管理

农产品地理标志核查员，是指在农产品地理标志登记保护工作中承担申请材料审查、现场核查和证后监管等任务，并经注册的省级、地县级农产品地理标志工作机构内部专业人员。

《全国农产品地理标志核查员注册管理办法》规定由部中心统一负责全国核查员的注册和管理工作。省级农产品地理标志工作机构统一负责本省、本行业核查员的规划、推荐和管理工作。地县级农产品地理标志工作机构负责本地县级核查员的考察、推荐和管理工作。

核查员注册程序及要求如下：

1. 参加培训及考试

申请注册前应参加部中心或省级农产品地理标志工作机构举办的农产品地理标志核查员注册资格培训考试，参加考试人数不受地县核查员配置名额限制。经考试合格的，由部中心颁发《全国农产品地理标志核查员注册资格考试合格证书》，证书有效期为4年，4年内未获得注册，证书自动失效。

2. 注册条件

申请注册的核查员应具备以下条件：

（1）热爱农产品地理标志事业，熟悉国家有关农产品地理标志登记保护政策、法规制度和审查标准等相关规定。

（2）具有有效开展核查工作所需的组织能力、观察能力和判断能力，有较强的工作责任感。

（3）具有良好的口头和书面表达能力，能够客观、公正、全面地表述核查意见。

（4）具有大专以上（含大专）文化程度，或具有中级以上（含中级）技术职称。

（5）具有有效的《全国农产品地理标志核查员注册资格考试合格证书》。

（6）申请注册人员所属地已纳入省级农产品地理标志工作机构统一制定的核查员配置规划。

（7）身体健康，实事求是，作风正派，遵纪守法。

3. 注册申请

当地县有产品申请时（省级农产品地理标志工作机构核查员注册不受申请产品限制），可由所在工作机构择优推荐符合注册条件的人员进行注册，被推荐人员需根据相关要求，备齐相关材料后，统一由省级农产品地理标志工作机构报送部中心审批。核查员注册申请表可扫描左侧二维码获取。

4. 申请材料

申请注册人员需按照要求提供以下材料：

(1)《农产品地理标志核查员注册申请表》。

(2)省级农产品地理标志工作机构推荐文件。

(3)省级农产品地理标志工作机构统一制定的核查员配置规划。

(4)本人学历证书或技术职称资格证书(复印件)。

(5)有效期内的《全国农产品地理标志核查员注册资格考试合格证书》(复印件)。

5. 注册审批

待地县申请产品获准登记后(省级农产品地理标志工作机构核查员注册不受申请产品限制)，部中心启动核查员注册审查，对当地符合注册条件的人员予以注册，并颁发《全国农产品地理标志核查员注册证书》，证书有效期为4年。

6. 核查员职责

获证农产品地理标志核查员具有以下职责：

(1)负责对申请产品进行初审和现场核查，分别提出初审和现场核查意见(省级农产品地理标志工作机构核查员)。

(2)负责对申请产品提出审核确认意见(地县级农产品地理标志工作机构核查员)。

(3)对本地区、本行业管辖范围内的获证产品进行证后监管。

(4)协助部中心委托的品质鉴定检测机构对申请产品进行现场抽样。

(5)经部中心授权，可对登记和公示异议有关情况进行调查取证。

(6)配合部中心开展农产品地理标志相关工作。

7.核查员义务

获证农产品地理标志核查员应尽义务包括以下内容：

（1）严格按照农产品地理标志有关规定，进行材料审查或现场核查。

（2）尊重客观事实，确保材料审查和现场核查工作的真实性、公正性和有效性，对审查结果负责。

（3）不断学习农产品地理标志登记所需业务知识，努力提高自身素质和核查能力。

（4）不接受申请单位任何形式的馈赠，不向申请单位作出任何颁证许诺和承诺。

（5）保守申请单位的技术和商业秘密，未经申请单位同意，不得披露相关信息。

（6）核查员履行工作职责需持证上岗，并接受各级农产品地理标志工作机构监督管理。

8.监督考核

自核查员开始从事农产品地理标志核查等相关工作，各级农产品地理标志工作机构应建立相关人员工作管理档案，根据材料审查和现场核查工作完成情况，对核查员任期内的工作能力、工作业绩和工作表现进行考核、监督和管理，并将不良记录记入管理档案，逐级向上一级工作机构书面报告核查员不良记录情况。

9.资质取消

核查员有下列不良记录之一者，由部中心取消核查员资格，并收回核查员证书：

（1）审查不认真，不严格按照审查准则或现场核查规范规定履行审查职责，任期内出现3次以上一般性或重大审查失误等审查不作为现象。

（2）不尊重客观事实，弄虚作假，严重违纪。

（3）接受申请单位馈赠，并向申请单位作出颁证许诺和承诺。

（4）未经申请单位同意，擅自披露申请单位技术和商业秘密等相关信息。

（5）核查员履行工作职责时不持证上岗，不接受各级农产品地理标志工作机构监督管理。

10. 到期换证

核查员注册证书有效期4年到期后，愿意继续承担核查员工作的申请人应在到期前3个月向所在农产品地理标志工作机构提出换证申请，根据注册程序逐级审核确认。符合换证条件的，由省级农产品地理标志工作机构统一报部中心核发新证。换证申请应提交以下材料：

（1）《农产品地理标志核查员注册申请表》。

（2）省级农产品地理标志工作机构推荐文件。

（3）有效期内的《全国农产品地理标志核查员注册资格考试合格证书》（复印件）。

11. 其他要求

因核查员工作变动等原因，核查员岗位出现空缺时，所在农产品地理标志工作机构应及时推荐其他获得《全国农产品地理标志核查员注册资格考试合格证书》并符合注册条件的人员进行注册，保持工作连续性。

附录

附录1

农产品地理标志主要品种申报文本审核及评审要点

产品品种	茶叶	果品	蔬菜	中药材	水产品
地域范围表述	纬度表示格式为：东经XX° XX′ XX″～XX° XX′ XX″，北纬XX° XX′ XX″～XX° XX′ XX″，原则上经纬度要求具体到秒；所辖村镇列出全部乡（镇、街道），点清行政村总数；生产规模面积单位为公顷，产量单位为吨				经纬度表示与其他产品相同，生产规模面积单位为公顷（养殖或捕捞水域面积），产量单位为吨
产品外在特性表述建议	描述包括外形、香气、滋味、叶底、汤色等感官品质特征	描述包括外形、大小、颜色、风味、质地、香气等感官品质特征	描述植株或产品的大小、形状、色泽、风味、香气、肉质、新鲜或烹制后口感、味道等感官品质特征	描述作为药材部分的植株或产品的大小、颜色、形状、香气、植株断面形态、质地、味道等感官品质特征	描述产品的体态特征如大小、体形、色泽、特色部位描述，如鱼类尾鳍、贝类外壳等，烹制后风味、香气、肉质、口感、味道等感官品质特征
产品内在品质指标设置建议	可设置茶多酚、水浸出物、氨基酸、总灰分等内在特色指标	可设置可溶性固形物、糖类、有机酸、纤维素、氨基酸、维生素、矿物质、多酚等成分等内在特色指标	不同种类蔬菜营养成分含量差异大，可根据蔬菜本身特色品质选择：水分、蛋白质、脂肪、碳水化合物、膳食纤维、矿物质（钾、钙、镁、铁等）、维生素（维生素C、β-胡萝卜素等）内在特色指标	不同种类中药材内在品质指标差异较大，应根据产品不同特征及产品功效选择不同内在特色指标，同时应在技术规范中注明产品形态与特色指标范围关系（如干燥产品中，特色指标为水分≤X%）	可设置蛋白质、氨基酸、脂肪、钙、磷、不饱和脂肪酸占脂肪酸含量等内在特色指标

续表

产品品种	茶叶	果品	蔬菜	中药材	水产品
鉴评方式	使用目测或测径仪来观察、测定产品大小、形态，闻茶叶干味，用标准泡制方式泡茶时使用方式后观察、品形、叶底形态、茶汤汤色，闻茶汤香气，品茶汤味道等	使用目测或测径仪来测定产品大小，使用手掂估测法或直接称重确定产品重量，通过纵、横径之比来确定果形指数，也可用模型状对照法来确定形状标准，通过闻、尝等方法品鉴产品风味、质地、香气等	使用目测或测径仪来观察、测定产品外部大小、形态和内部质地，使用手掂估测法或直接称重确定产品重量，通过鼻闻确定气味。可根据产品不同种类分别鉴评在新鲜状态及烹制状态下风味、质地等区别	使用目测或测径仪来观察、测定产品外部大小、形态和内部质地。通过闻、尝等方法品鉴产品香气、味道、质地等	使用目测或测径仪来观察、测定产品外部大小、形态和内部质地，使用手掂估测法或直接称重确定产品重量，通过鼻闻确定气味。经烹制后，鉴评产品风味、肉质、鲜度等
其他注意事项	申报需突出产品主要种类，不宜将产品的全部种类都拿来申报	避免检测指标选择不合理，造成检测指标与产品特性不相符，如缺可溶性固形物、酸等指标，而检测各种氨基酸、矿质元素、维生素	控制指标选择不宜过多，否则易造成后期持标人监管能力跟不上	物种基原问题：基原不清，要求提供基原鉴定报告。尤其是中药材种类繁多，生产者不一定搞得清楚。如三叶青，学名是三叶崖爬藤 *Tetrastigma hemsleyanum*，本属在我国有44种	申请产品为半野生捕捞产品时，地理坐标应包括所有捕捞范围，地域范围描述应包含所辖村镇及海域范围

附录2

农产品地理标志申报材料清单

序号	材料名称	材料内容	注意事项	材料提供人
1	登记申请书	《农产品地理标志登记申请书》	申请书应为盖章原件，复印件无效	申请人按要求填写
2	申请人资质证明	（1）由县级以上农业主管部门发布的申请公示；（2）县级以上人民政府出具确定申请人资格唯一性的批文	（1）申请公示需提供申报产品地名同级农业主管部门及省级部门同期公示情况网页截图；（2）政府批文应为原件，且发布时间需在公示期满之后	申请人向县级以上农业主管部门申请后，由农业主管部门及当地人民政府出具
3	地域范围确定性文件和生产地域分布图	由县级以上农业主管部门出具同意申报产品地域范围区域划定的文件	（1）文件附件应包含范围分布图及地域分布表；（2）上报文件应为原件，复印件无效；（3）范围分布图应为彩色图片	同级农业主管部门
4	其他证明性文件	（1）法人登记证明复印件；（2）已在国家追溯平台注册证明；（3）其他证明性文件	（1）申请书中参与联合声明的主体需在申请前完成国家追溯平台注册，并在申报材料中附已注册截图；（2）如申报产品已被注册为商标，或已是证明商标，且商标所有人与地理标志申报人不是同一主体，需出具商标所有人同意申请人申报地理标志的协议	申请人按要求提供
5	产品质量控制技术规范	符合申报材料要求的产品质量控制技术规范	技术规范内容需与其他申报材料内容保持一致	申请人按要求提供
6	人文历史及佐证材料	（1）符合申报材料要求的产品人文历史；（2）相关佐证材料	佐证材料包括历史文献、民间传说、获得奖项等内容，其中需包含体现产品历史已超过20年的内容	申请人按要求提供
7	产品品质检测报告及抽样单	由定点检测机构出具的《产品品质检测报告》	（1）每个品种产品需在不同抽样点抽取3个样品，出具三份检测报告，报告和抽样单应为原件，复印件无效；（2）抽样时间应在政府批文发布时间之后；（3）检测指标需与技术规范特色指标一致	定点检测机构出具

续表

序号	材料名称	材料内容	注意事项	材料提供人
8	产品实物样品或者样品图片	—	（1）样品图片应为彩色实物照片； （2）产品实物样品外包装图片上的产品名称应与申请产品名称完全一致	申请人按要求提供
9	农产品地理标志专家审定意见	《农产品地理标志专家审定意见》	未列入《全国地域特色农产品普查备案名录》(2014版)的产品，需递交有5名或以上专家签字的《农产品地理标志专家审定意见》	省级农产品地理标志工作机构组织专家进行审定后出具
10	现场核查报告及核查照片	《农产品地理标志现场核查报告》及现场核查照片	（1）核查组中至少有1名省级农产品地理标志工作机构核查员参加并签字； （2）现场检查时间应在政府批文发布时间之后	省级农产品地理标志工作机构委派的核查组按要求现场核查后填写并提交
11	产品品质品鉴报告及品鉴会照片	《产品品质品鉴报告》原件、品鉴会照片	需有专家组签署确认意见，并加盖省级农产品地理标志工作机构印章	省级农产品地理标志工作机构组织品质鉴评会后按要求填写并提交
12	登记审查报告	登记审查报告原件	登记审查报告完成时间需在现场核查完成、品质检测报告出具及品质鉴评会召开之后	同级农业主管部门按要求填写上报至省级农产品地理标志工作机构
13	核查员证书复印件	核查员证书复印件	证书复印件需在有效期内	省级农产品地理标志工作机构按要求提供
14	其他必要说明及证明材料	—	各级农产品地理标志工作机构根据实际情况对照审核规范，要求申请人补充其他相关说明或材料	申请人按要求提供

附录3

农产品地理标志现场核查程序及要求

核查阶段	形式	程序	参加人员	核查内容及要求
核查前		（1）制定《农产品地理标志现场核查方案》； （2）发送《农产品地理标志现场核查通知单》至申请人，并得到确认	核查组人员（3~5人）	（1）根据初审情况拟定现场核查计划，内容应包括现场核查的时间、地点、内容、程序和人员构成等要素； （2）通知申请人具体核查计划，并由申请人予以确认
核查中	首次会议	（1）介绍参会人员； （2）沟通确认现场核查细节内容； （3）宣读保密承诺； （4）确定陪同人员； （5）明确注意事项，说明相关问题； （6）确定末次会议的安排	核查组全体人员、申请人代表和部门负责人等	（1）明确核查范围、核查依据、日程安排、核查方法等内容； （2）确认申请人性质，检查是否持有合法的法人证书； （3）确认申请人是否具备符合条件的办公场所和相应的专业技术人员
	实地核查	（1）现场听取申请人汇报； （2）实地检查（包括示范基地、申请人办公场所、主题场馆、龙头企业等）； （3）随机访问； （4）查阅文件、记录	核查组全体人员、申请人代表和部门负责人、生产主体负责人	（1）听取申请人有关情况的介绍，对申请人资质、产地环境、地域范围分布、生产管理、产业发展等情况进行现场检查确认； （2）确定检查的基地范围和地块数，随机进行实地检查； （3）过程中及时沟通，确认申请人是否在申请产品的生产经营领域具有影响力和组织能力，是否被所在地域范围内的产品生产经营者普遍认可，是否具有指导标志使用人进行生产、加工的质量控制技术规范和推进产销衔接的经营渠道； （4）确定访问的生产者，随机访问生产者和有关技术人员，获得产品生产及管理情况资料； （5）了解申请单位质量控制措施及是否有确保农产品地理标志产品质量的能力；核实申请单位生产管理制度的执行情况及控制的有效性；

续表

核查阶段	形式	程序	参加人员	核查内容及要求
核查中	末次会议			（6）查阅生产技术规程和产品质量控制技术规范、生产及其管理记录、出入库记录、生产资料购买及使用记录、销售记录、卫生管理记录、培训记录等。确认主体生产经营规范性； （7）综合评价申请人实际情况是否与纸质申报材料中所述内容一致
核查中	末次会议	（1）简述核查的总体情况； （2）介绍核查过程和发现的主要问题； （3）对核查情况进行有效性评价； （4）宣布核查结论，提出改进或整改意见； （5）申请人代表讲话； （6）宣布末次会议和现场核查结束	核查组全体人员、申请人代表和地方有关方面人员等	（1）就核查过程中不明确的问题与申请人进行沟通确认； （2）介绍核查过程和发现的主要问题； （3）对申请人资质、产地环境条件、地域划分范围、生产记录档案、生产技术规程和产品质量控制技术规范的建立、实施等情况的有效性评价； （4）宣布核查结论，提出改进或整改意见
核查后	—	完成《农产品地理标志现场核查报告》	核查组人员	核查结束后，5个工作日内，向省级农产品地理标志工作机构提交《农产品地理标志现场核查报告》

附录4

农产品地理标志产品感官品质鉴评会相关内容及要求

品质鉴评阶段	参加人员	程序	相关内容及要求
鉴评会召开前	申请人	(1)向省级农产品地理标志工作机构提出要求召开品质鉴评会请示； (2)做好鉴评会准备工作	(1)提请省级农产品地理标志工作机构组织专家进行鉴评，给出鉴评意见； (2)按照省级农产品地理标志工作机构要求做好鉴评样品、鉴评室、鉴评用具等相关准备工作
	省级农产品地理标志工作机构	组织相关专家成立品质鉴评组，对外在感官特征进行鉴评	确定品质鉴评组人员(5~7人)，鉴评会召开时间、地点等内容，下发会议召开文件
鉴评会	品质鉴评组专家、申请人代表、各相关农产品地理标志工作机构人员	(1)主持人介绍品质鉴评组成员及相关方面人员； (2)省级农产品地理标志工作机构简述鉴评要求、程序及鉴评规则； (3)品质鉴评组组长主持鉴评： ①申请人代表介绍待鉴评产品； ②品质鉴评组进行鉴定评价； ③宣布品质鉴评结论； ④申请人代表就鉴评结论表态； ⑤品质鉴评组成员在鉴评报告上签字。 (4)主持人根据鉴评情况对鉴评工作进行小结	(1)申请人代表以PPT形式介绍待鉴评产品，重点介绍外在感官特性； (2)鉴评组使用目测或工具来测定产品大小、重量、形状等外观，通过闻、尝等方法品鉴产品风味、质地、香气等； (3)鉴评组凭借经验和专业知识，对申请登记产品的质量控制技术规范所规定的外在感官特性进行鉴定评价，评价应以文字描述为主； (4)品质鉴评结论分为符合和不符合登记产品的质量控制技术规程，鉴评组若认为产品不符合质量控制技术规程，或者人文历史等材料中的相关描述不够准确充分，鉴评组应提出不符合原因并建议申请人修改
鉴评会召开后	品质鉴评组专家	完成《农产品地理标志产品品质鉴评报告》	客观、准确填写《农产品地理标志产品品质鉴评报告》，并对鉴评结论负责
	省级农产品地理标志工作机构	审核确认《农产品地理标志产品品质鉴评报告》	完成对《农产品地理标志产品品质鉴评报告》的审核确认工作，签署具体的确认意见，并加盖省级农产品地理标志工作机构印章
	申请人	修改申报材料相关内容	根据鉴评组专家意见，修改申报材料相关内容